U0135858

K072

露營×居家

荷蘭鍋

55道 秒殺料理

旅遊美食部落客
爆肝護士 肉圓 著

居家。與家人分享美味的溫度

露營。與朋友同樂團聚的滋味

我為什麼愛上荷蘭鍋!?

編輯問我:「這個鍋子非常重,你怎麼會喜歡用它做料理?」對齁,我怎麼會喜歡它呢?

時間要回到 2005 年 12 月的第一次露營,那時候在苗栗山區,我剛剛購買了一堆露營設備,就跟著車隊上山露營,到了晚餐時間,大家圍成一圈在分享食物和討論彼此的裝備時,就我跟碗粿兩個人,默默用兩個不銹鋼鍋子,一鍋煮麵,一鍋煮即食咖哩,當然也就默默的窩在角落裡吃咖哩麵。

那一次露營回去,便開始在露營社團爬文,看看大家出門都帶哪些裝備,突然看到有人在討論「荷蘭鍋」,心想:「這啥鬼東西啊?」,標題還寫著「男人的鍋」,有沒有這麼詭異的鍋子,男人才能拿?就這樣,看著看著,過了幾個月,剛好李安的「斷背山」電影上映,眼尖的我馬上看到營火堆裡頭的鐵鍋,它就是荷蘭鍋來著,就這樣我又回到社團看著荷蘭鍋的文章,剛開始使用的人也不多,網站上

也沒有什麼食譜,要買真的要有一點決心,所謂的決心就是上完夜班神智不清時,於是從開始露營的 8 個月後,入手了「荷蘭鍋」,想法很單純,露營時就算廚藝輸人,煮菜的器具也一定要威!

還記得那天是在小夜上班前收到鍋子,我從警衛室一路抬上樓,心中真的有很多 OS,但開箱的那一刻,還是忍不住興奮了一下,因為架起來實在是太有 fu 了,也就管不了剛才拿到手酸的感覺了,當天上完小夜班後,馬上去超市買一隻雞來做實驗,隨便把抽屜中的醬料拿出來加上一些蒜頭,還在陽台摘了一些迷迭香,胡亂醃漬一通,竟然在凌晨 4 點時烤好了一隻全雞,我的天人兒啊～亂搞一通的烤雞,竟然成功外加天殺的好吃,這個鍋也太神奇了!

心中的感覺就是,要嘛肉圓是天生的廚神,不然就是荷蘭鍋讓笨蛋也可以煮出美食來,就這樣莫名的烤出興趣

露營不用再只吃泡麵了！

來，每天下班就在超市帶點食材回家實驗，運氣實在是太好，第一個月的零失敗經驗，讓肉圓一連烤了8隻雞，醫院的訂單是應接不暇，接下來再進展到烤魚、烤肋排、烤布丁、烤麵包、滷肉，甚至進展到燉飯，之後的經驗有時成功有時失敗，但越玩越起勁，默默的已經在部落格發表了超過100篇的荷蘭鍋料理文。當然露營時，有了這一鍋，肉圓和碗粿再也不是在角落默默吃麵的人了，每次戶外的開鍋，分享美食的同時又帶來更多做菜的熱情，如果不是荷蘭鍋，我也不會這麼常進廚房吧！

隨著文章的陸續發表，也讓一些露營愛好者跟著敗入荷蘭鍋，在2007年10月開始有了第一次的鍋聚，陸續加入荷蘭鍋團隊的人越來越多，而且以男士居多，大家都是衝著「男人的鍋」那幾個字啊，而另一半也就樂的輕鬆看表演，從來不進廚房的人夫們，在戶外個個輸人不輸陣，有的燉咖哩，

有的煎雞腿，還有人專長就是烤番薯，整個場面好不熱鬧，人妻因為偷得浮生半日閒，也更樂於一起外出露營。

尤其是荷蘭鍋的鍋蓋一掀，香味撲鼻，大家都在期待開鍋時的那一刻，更增添了不少趣味，有時在家天氣一冷，體貼的老公還會煮起麻油雞，或者將荷蘭鍋往桌上一擺就吃起了壽喜燒，這個鍋真的是把大家內心的廚神魂都燃燒出來了！

這次獲邀出版荷蘭鍋料理書，精選55道料理，跟大家分享戶外、室內都好用的荷蘭鍋使用心得，為了讓大家更容易做出好料理，肉圓將所有的食材調味、量都重新以量匙、量杯來計算，希望這本書更能方便大家使用，在此也要特別感謝在露營時一直默默在旁準備的二廚兼歪嘴雞——碗粿，如果沒有她的努力試吃捧場，我想今天也不會有這本書的問世了。

爆肝護士 肉圓

CONTENTS

目次

一起來試試
荷蘭鍋的美味秘密！

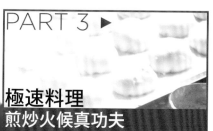

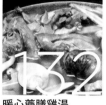

好愛
這一鍋

用它做料理就是不一樣

你一定會
愛上荷蘭鍋的
8個理由

1 鐵鑄鍋聚熱、導熱效果好。

2 價格品質多元化，從一千元至一萬元皆有，可依需求選購。

3 耐用，保養得當，可以使用很多年。

4 適合做各種不同類型的料理，煎、煮、炒、炸、蒸、烤、燉、燻，
　一鍋到底，吃遍各國美食，口味多變。

5 居家、露營皆適合。

6 厚實的鍋身、密閉的鍋蓋，可完全封住食物的原味及營養素，
　同時兼顧美味與健康。

7 使用愈久，鍋子自然呈現黝黑的光澤，愈用愈好看。

8 不需好廚藝，只需一個好鍋子和一些小撇步，即能煮出讓家人、
　朋友刮目相看的料理。

一起認識
荷蘭鍋

什麼是荷蘭鍋？

荷蘭鍋顧名思義就是荷蘭來的鍋子，英文為 Dutch Oven，其實就是鑄鐵鍋，為一全鑄鐵打造的鍋子，因其可以煎、煮、炒、炸、蒸、烤、燉、燻，幾乎所有的烹飪方式都難不倒它的特性，更有了『萬能鍋』的稱號。

當你擁有這個鍋子，露營時即可大展身手，不再只是吃吃泡麵，看著別人頻出好料。荷蘭鍋的鍋蓋可以煎牛排，鍋身可以來個家常快炒，蓋上鍋蓋出個三杯菜色，短時間的燉煮滷肉、長時間的煲湯，加上層架做蒸食，放上炭火烤個全雞，變化一下來個煙燻，閒暇無事搞個麵團做起 Pizza，樣樣都難不倒此鍋，只是此鍋非常的有份量，小小一鍋動輒 5 公斤起跳，讓一般的煮婦不易扛起，因而有了『男人的鍋』的稱號，光這別名就在露營界引起了不少的轟動。

早期在美國殖民期，這方便的鍋子就深受喜愛，進而演變鍋身又分為有鍋腳或平底的，還有各種不同尺寸的型式，大到可以放一隻火雞，小的只能放一顆蛋。而有鍋腳的可以架在炭火或其他荷蘭鍋上，方便野炊或多鍋烹鍋使用，在美國西部電影中最常見。而鍋底平整的荷蘭鍋，常在童話故事中巫婆的家看到，就是吊在壁爐上燉煮的那一鍋。日本旅遊節目也常在餐桌中看到此鍋的蹤跡，而居家使用，將其直接擺放上瓦斯爐便可進行炊煮，其耐用性更可被作為沿用百年的傳家寶。

另外，有人可能會問外型很漂亮的 LC 鍋或琺瑯鍋是不是也是荷蘭鍋？我們如果以鑄鐵鍋來看的話，那當然也是荷蘭鍋的一種，只不過功能上會少了烤與燻，畢竟這麼漂亮的鍋，你不會想在上面放炭火，更不會想讓鍋身上了一層黃黃的顏色，還有琺瑯面容易受損，另外煮東西也不會有鐵釋放到食物中。

如何選購荷蘭鍋？

市面上荷蘭鍋的品牌日趨繁多，從 1000 元上下到上萬的鍋子都有，該如何選擇？如同各位選購衣服時，幾千到幾萬塊也都有，各位想要的是什麼？第一當然是實用，之後才是品質，再來就是品牌！並不是愈貴就一定愈好用。

荷蘭鍋因為各家不同的製造方式，在鑄鐵鍋的皮膚表面有的光滑細緻有的凹凸不平，但並不影響炊煮，一個好的鑄鐵鍋的選擇，除了可以烹煮以外，要看的是鍋蓋與鍋身的密合度，好的鍋子，鍋蓋與鍋身幾乎可以完全密合，在烹煮時，水蒸氣會呈現平行的方式射出，這樣的鍋子才能達到燜燒鍋的密合效果，在煮飯及燉煮食物才會保留大部分的水份，以確保原汁原味。

至於如何選擇荷蘭鍋大小，就視自己平常要煮什麼料理，若經常要烤全雞就需要用 14 吋的大鍋，但重量非常可觀，至少 10 公斤，如果你不想練臂力，平常只是做一般燉煮的菜餚，建議只需選擇 8-10 吋左右的小鍋即可。

荷蘭鍋的種類與配件

一般常見的荷蘭鍋有以下幾種，我最常使用的鍋子是 ❶ 和 ❷ 的鍋型，❶ 的鍋身較深，12 吋鍋可放入較小隻的全雞，燉湯、煮炊飯都 OK，❷ 的鍋子則是可以一鍋二用，鍋蓋可當平底煎鍋，煎牛排、煎包、煮壽喜燒都很方便，鍋身一樣可滷、煮、炒，是我平常露營時會攜帶的好鍋。❸、❹ 的平底煎鍋就較小一點，但導熱效果很好，適合做煎餅、大阪燒之類的，至於 ❺ 的可愛小鍋子，實用度不大，長型小鍋我用來做布丁，效果不錯！

使用荷蘭鍋必備配件

專業的廚具能讓你烹調時更得心應手，因此，配合鍋子的大小，選擇合適的配件，在下廚時更能事半功倍。

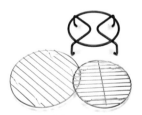

隔熱架

可放在荷蘭鍋內烹煮食物時用，或者可當荷蘭鍋的隔熱墊。

隔熱手套

建議買荷蘭鍋專用的隔熱手套，防燙效果比一般手套要好。

開鍋架

可頂住鍋蓋，將厚重的鍋蓋取開。

荷蘭鍋如何開鍋、養鍋？

Step1 空燒

荷蘭鍋是鑄鐵打造的鍋子，所謂鑄鐵當然就是鐵的一種，為了預防生鏽，在出廠時都會鍍上一層防鏽蠟，那一層蠟是有毒的，買到荷蘭鍋的第一步，就是先擺上瓦斯爐上空燒，待冒出的白煙量變少，時間約 10 分鐘左右，就關火讓其自然冷卻。

Step2 刷洗

接著入水槽使用清潔劑大力的刷洗，有些人會建議不要用鐵刷，不過我是鐵刷的愛好者，菜瓜布也可以，鍋子刷了 6-7 年也沒事，如果要當傳家寶傳個百年，那就用硬質刷如鬃刷來對待鍋子吧！

Step3 煮水

刷好後，將荷蘭鍋擺上爐灶，接著煮一鍋水讓它持續滾 10 分鐘，打開後會發現水中的雜質相當多，可見不做開鍋儀式，這些雜質可是會吃下肚的！

Step4 刷洗

靜待鍋子冷卻後，再進行一次刷洗的程序，記得一定要先讓鍋子冷卻。

Step5 熱炒

刷洗完之後，將鍋子擦乾，起油鍋，可以將煮菜剩下的材料丟進去炒一下。這個步驟會讓鍋子吃油並去除多餘的雜質。

Step6 清洗

再進水槽清洗一次，但這次不能再用清潔劑
了！因為這鍋子是有毛細孔的，你應該不想
在下次煮湯時有吃到清潔劑的味道吧！

Step7 噴油

以上開鍋的步驟就全部完成了，如果這次不
想使用的話，將荷蘭鍋燒熱後關火，並噴上
一層薄油。

Step8 擦拭

再用紙巾將油整鍋塗抹
均勻。

做完以上的步驟，可以將荷蘭鍋收納保存了，紙巾擦起來是黑色的話
不用怕，因為那是鐵＋油焦化的顏色。目前也有開發不需開鍋、養鍋
的不銹鋼荷蘭鍋，但其表面的毛細孔不易蓄積油脂，容易有沾鍋的問
題，使用上需要有技巧。

注意！

　　購買回家的鍋子，包裝上會註明 Seasoned or Un-seasoned，如果是 Un-
seasoned 的鍋子，它的鍋身在出廠時會塗上一層薄薄的似樹脂材質的蠟，
阻隔空氣與鐵接觸，所產生的鐵鏽，這樣的鍋在開鍋時，則必須要有空
燒的步驟（即 Step1）；反之，若標示 Seasoned 的鍋子，則不需再空燒。

　　但我之前在 Costco 購買到的荷蘭鍋，雖已註明 Seasoned，但在開鍋的
過程中仍發現有很多雜質，建議各位朋友最好一步一步照著步驟開鍋，
最為保險。

荷蘭鍋的保養建議

荷蘭鍋開鍋後，前十次的料理會建議都以烤物
為主，讓鑄鐵裡的鐵質穩定，並藉由每次收
鍋保養時吸附的油脂，慢慢讓荷蘭鍋黑鍋
化，形成類似不沾鍋的型式，如果前幾次
開始就水煮或燉煮食物的話，因為鍋子的
鐵質不穩定，大量的釋放會造成食材充滿
鐵味，影響風味。

保養荷蘭鍋的油脂建議以耐高溫不產生異味
的植物油為主，個人建議橄欖籽油（比較耐
高溫）、葡萄籽油或是玄米油都是不錯的選擇，
如果大家仍然覺得不用清潔劑洗的話，會覺得不
習慣或洗不乾淨，就選用無毒的豆粉、苦茶粉、小蘇
打粉等來做為清潔吧！

有些朋友買了荷蘭鍋用了一兩次之後，沒保養好鍋子就收起來，想再拿出來
用，卻發現荷蘭鍋生鏽了，會跟我說：「肉圓，救救我的荷蘭鍋吧！」我都會說：
「不一定救得回來，要視生鏽程度而定」，如果只是局部的生鏽，範圍不大，
我建議就大力刷洗，水煮過後再用力刷，接著再操作一次保養動作，應該可
以救得回來；但如果鏽得太嚴重非表面鏽斑，不是送電鍍就是這鍋子已經跟
您無緣了。

使用荷蘭鍋一定要小心！

1 在使用荷蘭鍋時，一定要非常小心，因為鑄鐵鍋的溫度非常高，絕不
能用手去碰觸，必須使用隔熱手套、炭火夾等工具，否則一不小心就
容易被燙傷。如果家中有小孩更必須讓他們遠離正在烹煮的荷蘭鍋，
切記！切記！

2 烹煮之後的荷蘭鍋仍有非常高的溫度，千萬不可以直接碰觸冷水沖
洗，一定要讓鍋具稍做冷卻之後，再做清洗的工作，以免鐵鑄的鍋無
法承受劇烈的溫差導致的熱脹冷縮而當場裂開。

3 荷蘭鍋不能搭配卡式瓦斯爐使用，荷蘭鍋的高熱容易造成瓦斯氣爆。

本書
使用提醒

1 本書所使用的荷蘭鍋為 Logos 12 吋、Lodge 10 吋（此為肉圓平時在用的鍋子），還有 SOTO 的 10 吋不鏽鋼鍋。

2 大、中、小火是依傳統的瓦斯爐火勢為標準。至於在戶外使用煤球時，若你有智慧型手機，建議可下載「Dutch Oven Helper」的 app 軟體，可試算烹調的火力。烤食物時，鍋蓋上的木炭與鍋底木炭量比例為 2：1，視食材外觀上色情形，調整上下的木炭比例。

3 每個人的味覺的感受不一，本書中的調味量為作者個人在烹調時的經驗法則，建議讀者能一邊試味一邊調整用量。

4 荷蘭鍋在烹調時的溫度非常高，建議在打開蓋子或拿起鍋子時，都必須使用開鍋架或專屬的隔熱手套，以免燙傷！

5 本書料理在室內烹調時，不便在鍋蓋上使用木炭加熱，但在戶外使用荷蘭鍋時，則可以在鍋蓋上放上燒好的木炭，讓鍋內的導熱更為均勻，烤出來的食物亦更有皮脆汁多的效果。

6 量匙有 4 種規格

一大匙 =15ml
一匙 =5ml
1/2 匙 =2.5ml
1/4 匙 =1.25ml

量杯有 4 種規則

一杯 =250ml
1/2 杯 =125ml
1/3 杯 =80ml
1/4 杯 =60ml

美味
下酒菜

就要大口吃燒烤料理

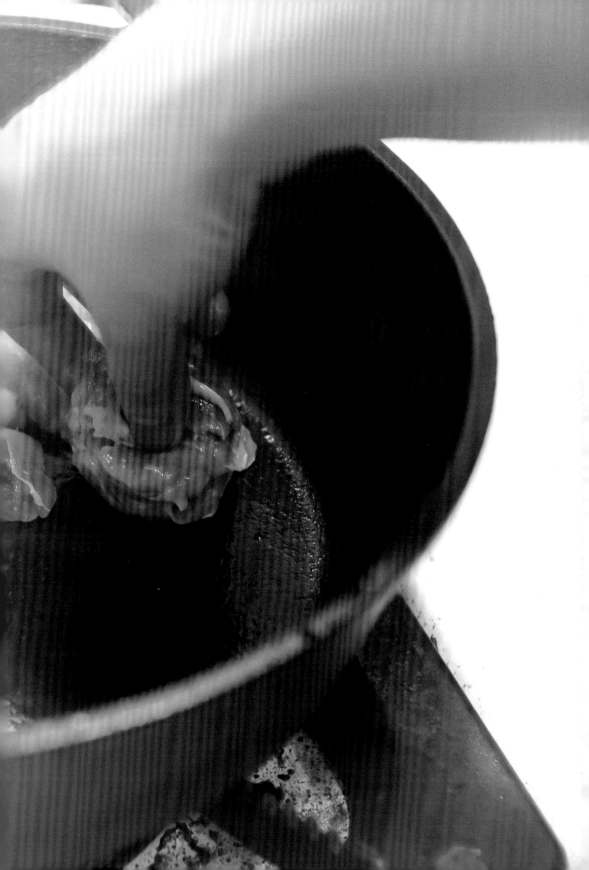

Cooking time
26-30分鐘
OK!

紐澳良烤雞翅

朋友從對岸帶了一包紐澳良烤雞粉給我，醃出來的味道比速食店更為入味，但畢竟那是對岸的粉料，所以在購粉不易的情況下，肉圓就教大家如何調配醬料吧！其實可以找找看家裡有沒有類似的醃料，我就先來跟讀者分享這道深受好評的烤物吧！

材料

雞翅 20 隻

醃料

朝天椒 2 根
白酒 2 大匙
番茄醬 2 大匙
燒烤醬 4 大匙（1/4 杯）
辣椒粉 4 大匙（1/4 杯）
蒜頭 4 瓣
魚露 2 大匙
蜂蜜 1 大匙

作法

1 將醃料的部分使用攪拌機打成泥。

2 均勻的塗抹在雞翅上頭，並充分搓揉做 SPA。

3 將雞翅放入塑膠袋，放到冰箱醃 4 小時～ 1 天。

4 在戶外烹調時，將雞翅放入鐵盤，荷蘭鍋預熱，鐵盤放入鍋中，鍋蓋上放 4 顆煤球，大火烤 20 分鐘後取出盛盤。在室內烹調時，鍋蓋可不放煤球，直接在瓦斯爐中火上烤 25-35 分鐘。

1   2

3   4

肉圓
輕鬆talk

這道料理作法簡單，好評度也非常高，朋友來家裡聚餐或露營時是秒殺的一道菜，如果朋友想要再辣一點就增加朝天椒的量，如需要酸的口感，加上 TOBASCO 是個不錯的好選擇。

迷迭香鹹豬肉

這是我一直很想要做的料理之一，之前嚐過朋友做的迷迭香鹹豬肉，驚為天人，可惜家裡的迷迭香被我這位植物殺手種死了。若不加迷迭香就是傳統的客家鹹豬肉。不過如果你有迷迭香記得加進去，可以讓豬肉吃起來不油膩，更增添香味。

材料

五花肉 3 條
香草鹽 1 大匙（註 1）
粗黑胡椒粒 1 大匙
蒜頭 3 瓣
五香粉 1/2 小匙
花椒粉 1/2 小匙
米酒（或紹興酒）1 大匙
迷迭香數根

註 1 將海鹽與義大利
香料粉 1:1 混合

作法

1 將五花肉放入盆內，蒜頭切末，把所有的醃料放入。

2 均勻搓揉抹上五花肉，讓醃料更入味。

3 最後捲上迷迭香，放入塑膠袋中。放到冰箱醃 6 小時至 1 天。

4 將荷蘭鍋熱鍋，放上層架及錫箔紙。將醃好的豬肉擺入，中小火烤 10 分鐘。每 5 分鐘翻面一次。烤 20-25 鐘後，完成！取出切片搭上蒜苗即可。

肉圓 輕鬆talk

自己製作這道菜時，無論肉質及醬料都可以自行調配，吃起來比較不死鹹，燒烤的時間依肉的厚度來選擇，肉如果厚就烤的比較久。如果是在賣場購買好的薄片五花肉，烤 15 分鐘左右即可。

1

2

3

4

梅香味噌烤雞翅

旅遊時很喜歡逛當地的超市和大賣場，看到醬料就會順手買回，不知何時買了一罐梅子味噌醬，買回家後又總是靜靜的躺在角落等著被發現，這天我跟味噌醬，你看我我看你，嗯～決定是你了！

材料

雞翅 1 盤
梅酒 1 大匙
味噌醬 1 大匙
薄鹽醬油 1 大匙

作法

1 將雞肉先洗淨，把所有的醃料放入，抓捏後，靜置半小時。荷蘭鍋先預熱。將雞肉放入烤盤，入荷蘭鍋中火烤 30-35 分鐘。將烤好的雞肉取出擺盤就完成了！

肉圓 輕鬆 talk

雞肉烤到骨肉分離，帶有味噌醬特有的淡淡鹹味，顏色、嫩度、口感兼具，又是一道居家、戶外都適用的好料理，如果要上色均勻，建議在鍋蓋上擺上炭火。

Cooling time
30-35分鐘
ok!

cooking time
16分鐘
OK

巴里島風蜜汁烤肋排

從巴里島旅遊回來後，一直懷念烤肋排的香味，自己開始嘗試不同的做法，不是醬料太稀掛不上去，就是肉烤的不夠軟嫩，陷入了肉圓與肋排的戰爭，應該是說這是人與豬的決戰！還好，人的頭腦還是贏了，你們一定要試試這勝利的滋味！

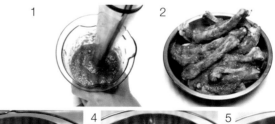

材料

豬肋排 1 斤
月桂葉 2 片

醬料

奶油少許
蜂蜜照燒醬 100ml
番茄醬 50ml
魚露 30ml
荔枝酒（或梅酒或白酒）20ml
蜂蜜 10ml
洋蔥 1/4 顆
鳳梨 3 小片
蒜頭 3 瓣
朝天椒 1 根
辣椒粉 1 大匙

塗料

蜂蜜 30ml 備用

作法

1 用少量的奶油先將醬料中的洋蔥炒至焦糖化（洋蔥變透明狀）。將所有的醬料（含炒好的洋蔥）用攪拌機攪成泥狀，當烤肉醬用。

2 豬肋排放入冷水中，加入月桂葉，小火慢慢煮到變色，即可關火。將肋排放到冷水中洗淨備用，取一碗盤，將肋排放入醬料中拌勻，醬料留一些備用。

3 荷蘭鍋底層鋪上鋁箔紙、擺上層架。

4 將肋排排好，瓦斯爐開中火，烤 10 分鐘。

5 剩下的醬料，加入 30ml 的蜂蜜，變成塗料。將烤過的肋排取出，沾上塗料後，再放入烤 5 分鐘即可，最後的步驟能讓肋排更上色更入味。

肉圓
輕鬆talk

此做法簡單，肋排烤的火紅引人食慾，味道香辣夠味，讓人直呼過癮！

cooking time
15分鐘
OK!

燒烤一夜干

現在很多賣場都可以買到一夜干，有時買回家也不想要用烤箱烤，覺得烤箱要花時間注意火候太麻煩，那就用號稱懶人料理的荷蘭鍋來做呢？結果色香味俱全！

材料

花魚一夜干一尾

作法

荷蘭鍋底層放上層架鋪上烘焙紙。視魚的大小，稍做切割擺入。瓦斯爐開中小火，烤約12-15分鐘。

肉圓
輕鬆talk

此次用的是花魚，肉身比較厚實，所以烤了15分鐘，成品登場完全不會輸給一般日本料理店，肉身上頭帶有一層漂亮的焦黃，魚肉鮮嫩多汁，這一道真是簡單又好吃。

韓流風味烤醬雞

家裡有一罐買很久都沒用的調味料，這天用它來醃雞肉吧！為何都沒用過，這就是人的劣根性啊，看到就買來想説會用吧，結果一擺就是很久都沒用。這一道菜，就用那罐調味醬來作為主要的調味，教大家完成一道簡單好吃的烤雞翅料理！

材料

雞翅 9 隻
韓式醃烤肉醬 4 大匙（1/4 杯）
白酒 2 大匙（水果類的酒會比較搭）
辣椒粉 1 大匙

作法

1　將準備的醃料直接加入雞翅中，稍微抓捏一下，讓醃料混合均勻。

2　接著放到冰箱，醃製時間 1 小時。

3　先將荷蘭鍋空鍋加熱，直到鍋蓋有燙手的感覺。在鍋內擺上層架，將雞翅放到鐵盤內，放入荷蘭鍋中。中火烤 25-30 分鐘，建議在烤 20 分鐘時，掀開鍋蓋看一下，畢竟每一家的火力都略為不同。將雞翅取出鐵盤前，將雞翅與下頭的醬汁先略拌一下，切點青菜擺盤就可上桌囉。

1

2

3

肉圓
輕鬆talk

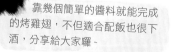

靠幾個簡單的醬料就能完成的烤雞翅，不但適合配飯也很下酒，分享給大家囉。

日式居酒屋鹽烤香魚

碗粿很喜歡吃香魚，肉圓最近愛上鹽烤，那有沒有辦法用荷蘭鍋就能將香魚烹調成日式料理中的鹽烤美味呢？

材料

香魚 2 隻
蒜頭 2 瓣
黑胡椒少許
白酒少許
香油少許
鹽少許

作法

1 取一鐵盤，鋪上鋁箔紙、香魚，將白酒及切末的蒜頭和黑胡椒灑在香魚上，再淋上一點香油。

2 鍋底鋪上一層鹽，將香魚放入，並將調味料均勻灑在上頭，再用一層鹽巴均勻鋪在香魚上頭。

3 中火烤 30-35 分鐘，將香魚從鹽巴中取出盛盤即可。

肉圓
輕鬆talk

　魚肉嚐起來香嫩多汁，鹽烤的外表多了一份緊實，好吃，啤酒來一杯吧。

cooking time
30分鐘
ok!

超簡單鹽焗蟹腳

上一次碰蟹腳已經是好多年前了，最近碗粿上夜班，同事都會帶一包炒蟹腳來當宵夜，但買現成的不一定新鮮，若是看到市場有新鮮的蟹腳時，不如自己動手來做，順便精進一下自己的廚藝！

材料

新鮮蟹腳 12 隻
（選購時要聞一下有無腥臭味）
酒少許
鹽巴少許
黑胡椒粉少許

作法

1 將蟹腳放在盤子上，倒少許的酒。在荷蘭鍋的底層鋪一層烘培紙（或鋁箔紙），上頭均勻灑上鹽巴。

2 將蟹腳兩面都沾上酒後，放上烘培紙排好。

3 在蟹腳上先灑上一層鹽巴，最後再灑上一點黑胡椒粉。開中小火，如果已經先熱鍋的可烤 7 分鐘，沒有的則需 10 分鐘。

1

2

3

肉圓
輕鬆talk

鹽焗蟹腳非常得大家歡心，因為烤過的蟹殼上，帶有淡淡的燻烤香氣，蟹肉也Q彈緊實，並帶有淡淡的甜味，也夠迷人的，搭上一杯啤酒，爽快！

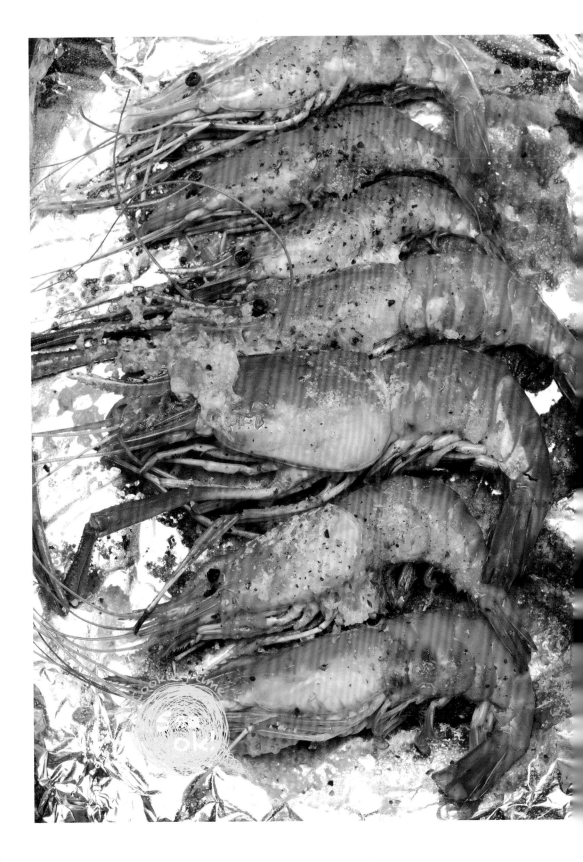

鹽燒泰國蝦

這一天腦海裡盡是想著日本料理店裡的鹽烤明蝦,馬上就決定衝到市場買幾隻泰國蝦來解解饞!

材料

泰國蝦 8 隻
米酒(或老酒、紹興酒)少許
鹽巴少許
黑胡椒粉少許

作法

1 將蝦子放在盤子上,倒少許的酒。

2 在荷蘭鍋的底層鋪一層鋁箔紙,上頭均勻灑上鹽巴。

3 將蝦子兩面都沾上酒後,放上鋁箔紙排好。在蝦子身上再灑上一層鹽巴,最後再灑上一點黑胡椒粉。開中小火,烤 5-7 分鐘。

肉圓 輕鬆talk

那股熟悉的烤蝦滋味及剝蝦殼的感覺,與餐廳的味覺、觸覺都一樣,朋友會問,那買不到泰國蝦怎麼辦!一般白蝦的話,就烤 3-5 分鐘即可。

Cooking time
40分鐘
OK!

蜜汁銷魂叉燒

我喜歡吃蜜汁叉燒，可是便當的叉燒總是不入味又只有小小一片，掀起自己動手做的念頭，剛開始只醃了 40 分鐘，滋味不夠，反覆做了幾次之後，捉到竅門，嗯！又是一道秒殺的美食。 最後上色的步驟雖然繁瑣但叉燒的美味讓一切都值得了！

材料

梅花肉 1 大塊

醃料

蒜頭 2 瓣
薑 1 片
薄鹽醬油 1 大匙
糖 1 大匙
蜂蜜照燒醬 4 大匙
米酒（或紹興酒）4 大匙
蜂蜜 1 小碗

作法

1 將梅花肉用叉子在表面上戳洞。

2 蒜頭、薑切末加在肉上，將醃料均勻塗抹在梅花肉上，將豬肉按摩一下，讓醃料更入味。

3 放入袋子中，擠出空氣，放入冰箱醃漬 5 小時到 1 天。

4 荷蘭鍋內擺入鐵盤，鋪上鋁箔紙再放上層架，將肉擺入，中小火烤 15 分鐘。

5 將肉翻面，以刷子塗抹蜂蜜後，再烤 15 分鐘。將鐵盤拿掉，在鍋底鋪上鋁箔紙，擺上層架，再將肉放入烤。（滴下的湯汁會產煙，形成糖燻效果幫肉上色）隔 2 ～ 3 分鐘將肉翻面塗抹蜂蜜再烤，此步驟重複 3 ～ 4 次，待肉的表面均勻上色即可。

肉圓
輕鬆talk

當天剛好有朋友在家做客，這切好的叉燒肉一出場馬上贏得眾人的目光，一放上 FB 讚嘆聲更是不斷，而當天烤的是醃漬 5 小時的，我都用薄鹽醬油醃漬，叉燒並沒有很鹹，外表帶了蜂蜜的甜，大人說不配飯單吃很ㄕㄨˋ嘴，而意外的是當天有位 5 歲的小男生，竟默默的吃掉半盤。

cooking time
16分鐘
ok!

無毒烤布丁

自己做的烤布丁美味又健康,原料看得見,也不會亂添加化工原料,家裡有小朋友的爸媽,可以用荷蘭鍋來試做烤布丁,比市售的布丁好吃健康百倍!

材料

牛奶 125ml
蛋 1 顆
砂糖 45g
砂糖 30g 備用

作法

1 將牛奶加熱,溶入 45g 的砂糖,牛奶只要煮到鍋邊有點起泡,就可關火。

2 將蛋打勻,如果蛋黃太小,視情況多加一顆。牛奶冷卻後,與蛋液混合。

3 取濾網將牛奶和蛋的混合液過篩。

4 取烤布丁杯,加入蛋液。荷蘭鍋預熱至鍋蓋發燙。放入層架與鐵盤,在鐵盤內加熱水,放入布丁杯。中火烤 15 分鐘。待放冷後即可食用。

5 在烤好的布丁上灑上砂糖,接著使用噴槍,對著砂糖噴烤,焦糖布丁就完成了。

肉圓
輕鬆talk

這一道烤布丁,簡單又好吃,噴上焦糖色的布丁顏色更是誘人,只是不要灑了太多的糖,會太甜啊!

我們的荷蘭鍋聚—— 分享鍋友的美味提案之 1

呼答啦！
今晚醉了啊！

時間／2007 年 10 月 13 日

地點／[東風營地] 苗栗縣南庄鄉蓬萊村 2 鄰 24 號 (037) 825-042 . 0928-874390 楊先生

鍋友成員／肉圓、碗粿、馬克、周緣緣、Stone、亮亮、丁丁、GG、小余、牛皮、阿$、鐵雄

只要有火的地方,馬克就要湊熱鬧。

　　有一次自己跑去露營後,在論壇上分享營地,莫名的就變成主辦人,這個主辦壓力有一點大,因為報名了 26 台車,有 52 個大人 32 個小孩,還有一個哀怨的馬克說從來沒有人幫他慶生過,所以要加碼慶生活動,這一次先帶隊前往附近的巴巴坑道旅遊,接著才到營地,一到營地大家已經迅速的把帳篷搭好了。

　　為了不輸人輸陣,另一位女性的荷蘭鍋主周緣緣也是可以提得動荷蘭鍋的,其做風管的老公亮亮,還做了個圍爐桌,搭配老婆出的菜色使用,實在是

有夠假掰的,而這天到營地才下午一點,便悠閒的攪鬆餅粉準備來弄鬆餅,一旁熱鬧烘烘,因為 Stone 從美國幫肉圓帶了北極星回來,正在幫忙開燈呢。

　　而標準的都市老人馬克,只要哪裡有火就會往哪裡去,劈柴、點火硬是都要參一腳,晚餐有蛋糕、烤雞、烤雞腿和各家美食,加上酒精飲料的催化下,大家一整個 high 翻了,還有人喝多了,連發生過什麼事都不知道,不過隔天一覺醒來依然回復正常,繼續做早餐,吃飽後將營地整理乾淨,到附近的蓬萊生態園區走走,開心的結束這一次的活動。

極速料理

煎炒火候真功夫

大吉大利漢堡排

漢堡向來就是肉圓喜歡的食物之一，在露營也多次做漢堡來當早餐，這裡就來跟大家介紹如何做漢堡排！

材料

牛絞肉 600g
豬絞肉 400g
白胡椒 1 匙
黑胡椒少許
鹽巴 1 匙
醬油 2 匙
白酒 2 匙
洋蔥 1/4-1/2 顆

作法

1 取一鋼盆，將肉放入，加入胡椒、鹽巴、醬油、白酒等。

2 均勻攪拌混合，再加入洋蔥丁攪拌。

3 將肉拍打，捏成小團備用。

4 取荷蘭鍋，將漢堡肉放入，中小火慢煎，兩面上色。

5 蓋上蓋子，燜煎 2-3 分鐘即可完成。起鍋可視個人口味灑上些許黑胡椒。

P.S. 若要用烤的也可以，先將荷蘭鍋底層放上鋁箔紙再放上層架，荷蘭鍋預熱到摸起來會燙的程度，再將漢堡排整齊放到層架上，中火烤 5 分鐘後翻面再烤 5 分鐘。

肉圓 輕鬆 talk

牛肉與豬肉的比例為 6：4（諧音就是六六大順、諸事大吉），這種比例做出來的漢堡最好吃了，這一道不管是煎或烤，搭上白飯或吐司或是拿兩塊麵包夾上生菜、起司及洋蔥淋點番茄醬，就是好吃美味的漢堡！

Cooking time
15分
OK!

蒜你厲害煎牛排

荷蘭鍋這種鑄鐵的鍋身，向來就是煎牛排的好物，怎能放過呢！牛排的選擇依個人偏好來決定，喜歡較軟口感可選菲力；喜歡咬勁的可選擇紐約客或沙朗，紐約客又比沙朗更軟一些，嫩肩則是既有油花口感又嫩。

材料

牛排（菲力、嫩肩、紐約客）
鹽巴少許
黑胡椒少許
蒜頭 3-5 瓣
奶油（可備可不備）
迷迭香少許

肉圓輕鬆talk

辨別牛排熟度有個小技巧，觸摸肉的軟度像手掌大拇指下方的肉，差不多為 3 分熟，像無名指下方手刀處的硬度為 5-7 分熟，像手腕的硬度為全熟。喜歡吃 7 分熟的，要煮到 5 分熟就起鍋，因為靜置時熱度還在，肉還會再更熟。

作法

1 在肉上灑上海鹽及黑胡椒粉，在鍋裡放入橄欖油開中火，將肉放入後，每 10-20 秒就翻面一次。

2 快煎好時，放入蒜頭及兩塊奶油（可不放）。

3 將混合奶油的油汁，反覆的澆在肉上。每 10-20 秒反覆翻面。

4 可放入迷迭香增加風味。達成嫩度後，即可起鍋，起鍋後靜置 3-5 分鐘能保留肉汁在肉排內。

Cooking time
10分鐘
OK!

青醬白酒蛤蜊義大利麵

這篇來教大家做簡單的義大利麵，自己做保證料好實在，而且不會怨嘆
店家的蛤蠣給得少！

材料

青醬料

九層塔葉 100g
橄欖油 120ml
花生 25 粒
蒜頭 4 瓣

其他

義大利麵 2 人份
白酒 2 大匙
蒜頭 4 瓣
洋蔥 1/4 顆
蛤蠣 15 顆
黑胡椒粉

P.S.

若是蛤蠣與酒的量較多，可以不需準備高湯。

作法

1 準備攪拌機，將青醬的材料全部放入，打成青醬備用。

2 用荷蘭鍋先燒一鍋熱水，煮滾的水內加一匙鹽巴。

3 把麵放入滾水中開始計時即可！義大利麵的烹調時間，請參考包裝袋上的說明，建議減少 1 分鐘。

4 另起一個平底鍋，將洋蔥切末，起油鍋入鍋炒香。

5 放入蛤蠣。蛤蠣開始開殼時放入白酒。放入蒜末，待蛤蠣全開後取出備用。

6 把煮好的麵條撈起放入，讓麵條可均勻吸收湯汁，並加入兩大匙的青醬。

7 湯汁收到快乾時，就可以撒上胡椒起鍋，擺盤時再將蛤蠣放上就完成了。

泰式咖哩嫩雞

在泰國旅遊時帶回了一包咖哩粉，決定來做一道泰式咖哩雞！泰式咖哩粉也可在超市買到，它可以在食慾不振的夏天，讓人瞬間胃口大開。

材料

雞腿肉去骨 2 片
泰式咖哩粉 2 匙
（ 1 匙醃肉、1 匙炒的時候加入）
洋蔥半顆
香草海鹽少許
黑胡椒少許
橄欖油 1 大匙

肉圓 輕鬆talk

這一道有洋蔥的甜、咖哩的香、雞肉的嫩，簡簡單單就能出一道下飯的好菜，真的是很推薦大家也來做看看！

作法

1 先將雞腿肉洗淨擦乾，拿叉子在上頭均勻戳洞，將雞腿肉切成 5 公分塊狀。

2 接著灑上 1 匙咖哩粉及少許的香草海鹽與胡椒。

3 仔細搓揉雞肉後，再淋上橄欖油，再均勻搓揉。

4 將雞肉靜置 30 分鐘入味。

5 起油鍋，將切塊的洋蔥放入炒香，再將雞肉放入拌炒。

6 雞肉半熟時再加入 1 匙的咖哩粉拌炒。

7 雞肉都熟透時就可以起鍋囉！

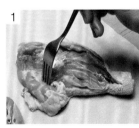

五彩繽紛菇菇炒椒

雖然荷蘭鍋的強項是烹調肉類，但因為它有導熱快的特性，來個青菜快炒也能炒出青菜的脆、甜。

材料

青椒半條
紅椒 1 顆
黃椒半顆
鴻喜菇半包
香菇 2 朵
蘑菇 4-5 顆
洋蔥 1/4 顆
鹽巴適量
黑胡椒適量

作法

1 先將青椒、紅椒、黃椒切條狀、香菇切片、洋蔥切丁備用。開中火熱鍋，先將蘑菇下鍋乾炒至出水後取出備用。

2 加入一大匙油及洋蔥拌炒，炒香後將所有的菇類放入拌炒，起鍋前再將椒類放入拌炒。

3 最後灑上適量的鹽巴及黑胡椒調味。

肉圓
輕鬆talk

在高溫快炒時，荷蘭鍋能保持青菜的原色和原味，但掌握火候很重要，別煮太老了！

cooking time
5 分鐘
ok!

cooking time
S?? OK!

超下酒鹹酥蔥爆蝦

有時在溪邊露營，晚上下水抓抓溪蝦，手邊有蔥、蒜時，鹹酥蔥爆蝦一出，真是一陣歡呼！不過哪有一天到晚有溪蝦，所以後來夏天露營一定會買個 1-2 斤蝦子備用！

材料

蝦子 1 斤
蔥 1 把
蒜頭 8-10 瓣
酒 2 大匙
白胡椒粉 1/2 匙
鹽巴 1/2 匙

作法

1 先將蔥、蒜切末，荷蘭鍋放入約一大匙油，將少許的蔥、蒜放入爆香。

2 將蝦子入鍋拌炒，蝦子有一半變色後，從鍋邊將酒淋入。

3 炒勻後，鹽巴及胡椒放入拌炒。起鍋前將剩下的蔥、蒜再放入拌炒均勻到湯汁收乾。

1

2

3

肉圓 輕鬆talk

要想食物香濃夠味，佐料就要下的夠，蔥蒜這些小配角可省不得，吃的時候，手指上才會滿滿都是蔥蒜混合著蝦膏香，忍不住吮指回味！

cooking time
10分鐘 ok!

紹興酒蹦蹦蝦

常常看到料理店有道石頭活蝦,我常想,如果用荷蘭鍋來做行不行?燒熱的荷蘭鍋,應該跟燒熱的石頭效果差不多吧!果然又是一道簡單的美味!

材料

活蝦 1 斤
紹興酒 50ml
水 150ml
黃耆 1/4 杯
枸杞 2 大匙
鹽 1 匙

作法

1 先將活蝦擺到盤內,將所有的材料放入混合。

2 荷蘭鍋燒到鍋蓋發燙後,再燒 5 分鐘。接著開鍋蓋,迅速將活蝦及所有的材料倒入鍋內,馬上蓋上鍋蓋。記得動作一定要快。

3 蝦子一放入就需關火,特別注意是需要用大的荷蘭鍋,水蒸氣會瞬間噴射出來,不要緊張,稍等 3 分鐘。3 分鐘後,打開鍋蓋就可以盛盤了。

肉圓
輕鬆 talk

　利用高溫瞬間把所有的水氣變成蒸氣把蝦子蒸熟,如果鍋子不夠重的話,會壓不住瞬間噴發的蒸氣,也會有危險性,所以料理店內做這一道,常常叫人去壓鍋蓋。但是用荷蘭鍋就省事多了,而且蝦子遇熱瞬間被蒸熟,建議使用活蝦,蝦肉彈牙可口,加上少量的酒水搭著蝦湯,非常鮮甜美味。

Cooking time
7分鐘
ok!

吮指香辣沙茶炒蟹腳

炒蟹腳是非常受歡迎的下酒菜，但外頭買的不一定新鮮，只要你有荷蘭鍋，建議自己動手來做，自己到市場挑新鮮的蟹腳，快炒幾下就有好料上桌。

材料

蟹腳 1 斤
酒 2 大匙
薄鹽醬油 2 大匙
沙茶醬 2 大匙
蒜頭 6 瓣
朝天椒 1 根
九層塔少許

作法

1 將蟹腳先均勻拍打，表面有裂痕即可，不要碎掉，或用布將蟹腳蓋起來再敲打，蟹殼比較不會噴得到處都是。

2 蒜頭輕拍不用切，辣椒切段或大片，九層塔洗淨備用。將荷蘭鍋熱鍋開中火，倒入油，放入蒜頭爆香，再放入蟹腳。

3 蟹腳炒到變色後，再炒 1 分鐘。接著放入辣椒、先倒入酒拌炒。

4 再加入醬油及沙茶醬，拌炒均勻，讓醬汁巴在蟹腳上。

5 最後再加上九層塔略炒一下，就可以起鍋了！

肉圓 輕鬆 talk

　　一起鍋後，那熟悉的香味瞬時縈繞在整間屋內，唉啊~這不就是快炒店的味道嗎？難不成肉圓有快炒小二的潛力，看來又默默的培養出離職第二專長了（瞬間被長官怒瞪）。這道菜整體辣、香俱備且不會過鹹，另外吃到一半，好想來杯啤酒，卻雙手沾滿醬汁……。

台客胡椒蝦

這一道料理在活蝦店常常見到，價格也不見得便宜，但真的很難做嗎？只要有荷蘭鍋保證 OK ！

材料

蝦 1 斤
胡椒粉 1 大匙
五香粉 1 匙
鹽巴 1/2 小匙
酒 1/4 杯（60ml）

作法

1 蝦子放入荷蘭鍋，將粉料均勻混合倒入。

2 加入酒混合，與蝦子攪拌均勻，開大火燒 2 分鐘。

3 開鍋均勻攪拌，讓蝦子都沾到胡椒。蝦子變色、湯汁收乾就可以關火盛盤取出了。

肉圓
輕鬆talk

我做的是台式口味的胡椒蝦，如果你想嚐嚐異國口味的話，將五香粉改成義大利綜合香料即可，味道絕對不會輸給外面店家做的，尤其是有一次試做，碗粿試吃就全吃光了，肉圓可是一尾蝦都沒吃到啊…。

cooking time
5分鐘
ok!

達人級脆皮煎餃

水餃是很多人都愛帶去野外露營當做午晚餐的食材之一，因為非常方便，但是吃多也會膩，既然有荷蘭鍋，那就來個煎餃變化一下！

材料

水餃數顆
麵粉 1 小匙
水 1/2 杯

作法

1 將麵粉和水混合，調成麵粉水。在荷蘭鍋底放入少許的麻油。擺入水餃，每一顆的底部需沾到麻油。水餃擺好後，開中火開始煎的滋滋作響時，淋上麵粉水。

2 蓋上鍋蓋，中小火煎 4 分鐘。打開鍋蓋，水份完全蒸發時，就可以起鍋囉。

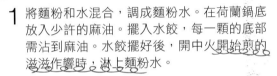
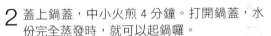

肉圓
輕鬆talk

不論是市場購得的水餃或是冷凍水餃，建議下鍋後加麵粉水的步驟一定不能少，它可以讓皮更酥脆。

Cooking time
5分鐘
ok!

爆蔥香脆蔥油餅

蔥價漲，蔥油餅也谷底翻身了，一整個漲翻天，在漲聲四起的時候，何不自己做？路邊小販用鐵鍋煎，我們也有鐵鍋啊！

cooking time

OK!

材料

麵團

中筋麵粉 250g（2 杯）
滾燙熱水 125ml（1/2 杯）
冷水 80ml（1/3 杯）
橄欖油 1 大匙
鹽巴 1/4 小匙

餡料

蔥花
黑胡椒粉
鹽巴少許

作法

1 取一鋼盆將麵粉、橄欖油、鹽巴放入。

2 先將煮沸的熱水，緩慢倒入麵粉。接著倒入冷水，邊用筷子攪拌，看當天的濕度調整水量，勿一次全加，麵粉可以成團即可。

3 揉成麵團。

4 將麵團放回盆中，蓋上濕布或保鮮膜，靜置發酵 30-45 分鐘。

5 將麵團取出分團，蓋上濕布靜置 10 分鐘鬆弛。

6 將麵團擀開，塗上一點油（也可不用），灑上蔥花、鹽巴、胡椒。

7 將麵團兩邊捲起，兩邊壓平，稍微往兩邊拉長，再捲成圓圈狀，靜置 10 分鐘。

8 起油鍋，將包好餡料的蔥油餅輕輕壓平，放入鍋中煎，兩面都煎到金黃，約 5 分鐘即可。

家常水煎包

水煎包很適合用來做早餐或下午茶使用，有時候到營地，總是特別的悠閒，遇到沒有電視、網路的時候，就是得找點事情來打發時間，那就來裝賢慧，搞點麵團吧！

cooking time
5分鐘
ok!

材料

麵團

中筋麵粉 250g（2 杯）
滾燙熱水 125ml（1/2 杯）
冷水 80ml（1/3 杯）
橄欖油 1 大匙
鹽巴 1/4 小匙

餡料 1

高麗菜 1/4 顆
紅蘿蔔 1 小段
豆皮 1 片
鹽巴適量

餡料 2

豬絞肉 300g
蒜頭 1 瓣切末
五香粉 1/4 匙
胡椒粉 1/4 匙
薑 1 片切末
蔥 3-5 根
醬油 1 匙

作法

1 餡料 1.將高麗菜切小塊狀，紅蘿蔔切絲，豆皮切成塊狀，用點油拌炒好備用。餡料 2.蔥切成蔥花，豬肉及調味料攪拌均勻後，拌入蔥花、蒜末、薑末備用。

2 取一鋼盆將麵粉、橄欖油、鹽巴放入。

3 先將煮沸的熱水，緩慢倒入麵粉。

4 接著倒入冷水，邊用筷子攪拌，看當天的濕度調整水量，勿一次全加，麵粉可以成團即可。

5 揉成麵團。

6 將麵團放回盆中，蓋上濕布或保鮮膜，靜置發酵 30-45 分鐘。

7 將麵團取出分團，蓋上濕布靜置 10 分鐘鬆弛。

8 像包包子的方式分別把餡料包入即可。

9 鍋內放入油，將包子擺入，等到滋滋作響時，加入包子身高約 1/4 的水，蓋上鍋蓋，中小火煎煮約 4-5 分鐘，將包子取出後即可。

我們的荷蘭鍋聚——分享鍋友美味提案之 ②

大自然中的
冉冉炊煙

時間／2007 年 11 月 4 日

地點／[福盛山農場] 南投縣中寮鄉福盛村麻竹巷　電話：049-2225500

鍋友成員／肉圓、碗粿、鐵雄夫妻、馬克夫妻、小余夫妻、James、湯圓爸夫妻、YYH 夫妻

下山前的點心教學時間，
很受歡迎。

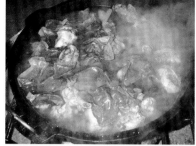

來個鍋聚大合照！

　　這一次鍋聚來到了南投中寮山上的農場，開了近 300 公里路的我們，一到營地真想就鑽進帳篷睡覺，尤其是行軍床已經都搭好的時候。

　　這一次出動了 4 個荷蘭鍋，有 3 個都是男人掌廚，連不曾進過廚房的馬克都現場煮起牛肉湯，不過後來味道不對，鍋友馬克不肯承認是自己廚藝不精，反而推給太太，說這都是因為她沒有給他提示的結果。

　　夜空升起，我們先循著小路上山看夜景，回頭開鍋時，小余的雞翅燜煮到軟爛入味、骨肉分離，真好吃；而鍋友鐵雄這一次煮的是長相不討喜的鹽焗雞；肉圓則是出何首烏雞湯，雖然馬克的清燉牛肉湯忘記去腥，但賣相也不錯，難得下廚，大家還是都很捧場，吃得津津有味。

　　宵夜場我們再加烤雞腿，之前的點心場也有鐵雄準備的 pizza，隨著炊煙冉冉升起，肉圓已經想進入夢鄉，於是就默默的跑去睡到自然醒，隔天也沒有煮早餐，不過已經有好心人煮好一桌了，吃飽後精神奕奕的跟大夥去爬四角山，下山後做個簡單的鮪魚麵包教學，再開心的來個大合照結束這次的活動。

細火
慢燉

滷出大廚好味道

市井小民醬燒五花肉

爐肉人人愛，一鍋滷肉，一碗白飯，就很迷人了！在選用肉品上一定要挑選肥瘦相間的五花肉，吃起來的口感才不至於過澀，加入鳳梨心是市場媽媽教授的滷法，可用來取代甘蔗，也算是一種食材的再利用。

材料

五花肉 1 斤
紹興酒 1/4 杯
醬油 1/4 杯
糖 2 大匙
蒜頭 5 瓣
辣椒 1 根
八角 1 粒
桂皮 2 公分
薑片 1 片
蔥 1 把
鳳梨心 1 段
月桂葉 3-4 葉

作法

1 將五花肉放於冷水中，與月桂葉一同用小火慢慢煮到豬肉變色，在水滾前就可關火。

2 將五花肉以清水沖淨備用。

3 先在鍋內放少許油，將蒜頭、薑片、辣椒、八角、桂皮、蔥段放入炒香，再將五花肉放入拌炒。加入糖，將肉炒上一層亮色，再加入酒小炒，加水、鳳梨心及蔥尾。蓋上鍋蓋，開小火燉煮 60 分鐘。再加入醬油用小火燉煮 30 分鐘，開鍋蓋，中小火慢慢將醬汁收乾即完成。

肉圓
輕鬆talk

我特地把湯汁收乾一點，不留太多滷汁，把精華都收在爐肉上，不僅顏色發亮誘人，入口因為醬汁濃稠，多了一種爐肉塗醬的口感！

Cooking time
110分鐘
OK!

人人都愛咖哩燉雞

自從發現荷蘭鍋擅長燉煮食材後，我經常煮咖哩，無論是咖哩雞、咖哩豬、咖哩牛肉；泰式、印度式咖哩都難不倒我，先來介紹百吃不膩的咖哩雞吧！雞肉最推薦是去骨雞腿肉，不但口感好，更耐燉煮。

cooking time
80分鐘
OK!

材料

雞腿肉 1 斤
洋蔥 2 顆
紅蘿蔔 2 根
馬鈴薯 2 顆
奶油 1 塊
市售咖哩塊 1 盒
起司 2 片
黑巧克力 1 小塊

作法

1 雞肉先燙過備用，荷蘭鍋放入奶油，將洋蔥切絲或切小塊狀投入拌炒至焦糖化，約中火炒 15 分鐘（焦糖化就是炒到透明變褐色）。

2 將雞肉放入拌炒。

3 雞皮帶點焦黃後，放入切塊的馬鈴薯及紅蘿蔔拌炒。

4 加水淹過材料，蓋上鍋蓋小火燉煮 30 分鐘。

5 放入咖哩塊，蓋上鍋蓋繼續小火燉煮 30 分鐘。最好每隔 10 分鐘用鍋鏟攪拌一下，防止鍋底咖哩沉澱燒焦。

6 起鍋前放入起司及巧克力濃縮味道即可上桌。

肉圓 輕鬆talk

　　如果覺得市售的咖哩雞味道太淡的話，這一道絕對可以滿足自己的味蕾！當然同樣的做法，可把食材換成豬肉或者是牛肉，但味道絕對是香濃無比！隔夜的咖哩因為吸收了濃縮的味道會更加美味。

紹興可樂滷腿庫

肉圓最愛吃的就是ㄅㄨㄞㄅㄨㄞ的肉，尤其是腿庫，想吃的時候是自己滷一鍋最方便，我建議滷 2 小時的時間，但醬油在最後 1 小時再放入，能確保肉質的軟嫩。

材料

腿庫 2 斤
紹興酒 1/2 杯
薄鹽醬油 1 杯
糖 2 大匙
可樂 1.5 杯（或一瓶罐裝可樂）
蒜頭 5 瓣
辣椒 1 根
八角 1 粒
桂皮 2 公分
薑片 1 片
蔥 1 把
月桂葉 3-4 葉

作法

1 將腿庫放於冷水中，與月桂葉一同用小火慢慢煮到豬肉變色，在水滾前就可關火取出。

2 將腿庫洗淨備用。

3 取荷蘭鍋，將腿庫放入，加酒、可樂、糖，並加水淹過肉，將蒜頭、辣椒、八角、桂皮、薑片、蔥段放入，蓋上鍋蓋以小火燉煮 1 小時。

4 加入醬油，蓋上鍋蓋再以小火燉煮 1 小時。

肉圓 輕鬆 talk

現代的料理必須兼顧健康，尤其是鹽要少一點，所以這個配方是甜味比較突出，吃起來的口感軟嫩，皮的部份 Q 彈，整體只帶淡淡的鹹味，多了去腥處理，完全無豬騷味。如果要提升香味，先川燙後，再把蔥、薑、蒜、八角及桂皮炒香，放入腿庫一同拌炒，再加入糖炒亮肉的顏色，加油嗆香。加水及蔥尾、可樂，淹過腿庫燉煮 1 小時，再加醬油燉 60 分鐘即可。

cooking time

120分鐘
ok!

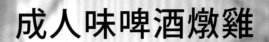

成人味啤酒燉雞

啤酒燉雞是在旅遊頻道看到的創意,台灣好像比較少見,在腦海裡演練一
下,應該是沒有甚麼問題,就決定放手來做吧! 第一次就演練成功,有
啤酒香卻無酒精味,讓不喝酒的人,都會愛上這道料理。

Cooking Time
40分鐘
OK!

材料

雞腿 2 隻去骨
馬鈴薯 2 顆
紅蘿蔔 1 根
洋蔥 1 顆
蒜頭 3 瓣
蔥 1 根
啤酒 1 罐
鹽巴少許
黑胡椒少許

作法

1 起油鍋，將雞腿皮朝下放入，煎到兩面變金黃色就可以，先將雞腿取出備用，可增加皮脆的感覺。（不想吃脆皮感覺的，可以直接跟洋蔥拌炒即可）

2 洋蔥先切塊、蒜頭切片，將洋蔥及蒜頭入鍋炒。

3 炒出香味後，放入馬鈴薯及紅蘿蔔拌炒。

4 稍微炒一下後，再將剛剛取出的雞腿肉放入，並倒入啤酒。

5 蓋上鍋蓋，小火燉煮 30 分鐘，起鍋前放入蔥及灑上鹽巴與黑胡椒調味即可。

肉圓 輕鬆talk

這一道有啤酒香卻沒酒味，雞肉燉煮得恰到好處，真是好吃！在場的人吃了直說是大人的料理，吃得到啤酒味，肉圓心想都放了一罐啤酒了，怎麼可能無味，淡淡的啤酒苦味，這是大人才懂的味道！

野人培根高麗菜

這一道是日本野炊食譜中常見的燉菜，看似粗獷，但是味道出奇的好，簡單又美味。此料理可以將高麗菜的甜味燉煮出來，如果選擇高山高麗菜，那甜味更是突出，若沒有培根，可用油脂豐富的肉類取代。

材料

培根 3 條
高麗菜半顆
水或高湯 500ml
鹽巴少許
黑胡椒少許

作法

1 將培根入鍋炒香。

2 將水放入，在高麗菜上切上幾刀，放入鍋內，蓋上鍋蓋，中小火燉煮 15 分鐘。起鍋前加上鹽巴及黑胡椒調味即可。

肉圓 輕鬆talk

高麗菜自然的甜味在鍋中釋放出來，而高麗菜也因為燉煮時吸收培根的油脂，口感額外的豐腴。若喜歡口感軟一點的朋友可以延長燉煮的時間。有一次野外露營時刻意在炭火上燉了 1 小時，當成菜湯來食用，就是一道平凡的美味。

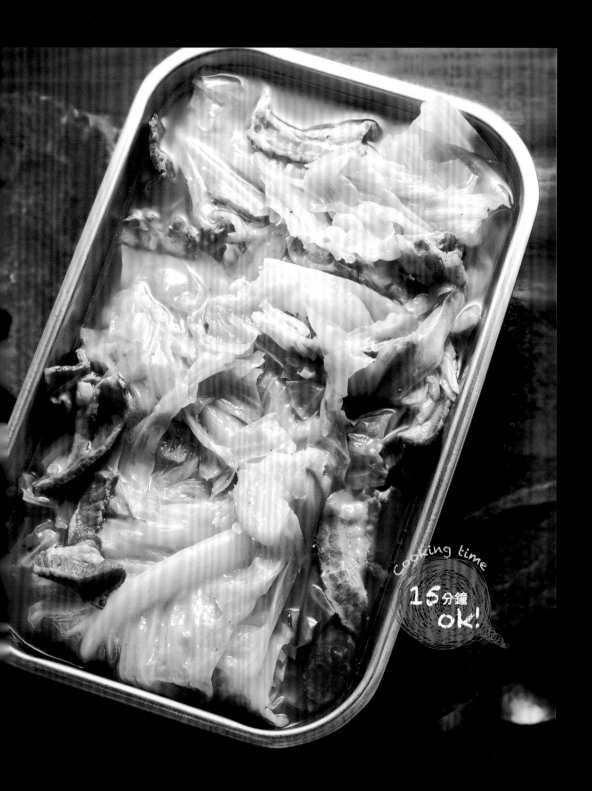

cooking time

15分鐘
ok!

欲罷不能番茄燉牛肉

有一天看到坐月子阿姨燉牛肉，還蠻好吃的，急忙跟她討教作法，因為心想用荷蘭鍋來燉牛肉絕對加分不少，當然我又順道加了不少好料，這一煮又是一道讓人秒殺的好味道～而且連小孩都吃得精光還直喊著再來一碗。

材料

牛腱 1 公斤
蕃茄 3-4 顆
蕃茄罐頭 1 瓶
紅蘿蔔 2 根
馬鈴薯 2 顆
蔥 1 把
薑 1 小段
洋蔥 1 顆
蒜頭 5 瓣
薄鹽醬油 2 大匙
油（或麻油）1 大匙
酒 1/4 杯
雞湯塊 1 塊
辣椒 1-2 根
豆瓣醬 2 大匙

作法

1 荷蘭鍋放入油（或麻油），放入薑、蒜、蔥白炒香（麻油當然比較香）。

2 再放入洋蔥續炒。

3 洋蔥變色後，將牛腱切塊放入炒到變色，將酒放入燉煮。

4 加上豆瓣醬拌炒，再加入醬油拌炒上色。

5 放入馬鈴薯與紅蘿蔔拌炒。

6 放入番茄與番茄罐頭。

7 倒入高湯，醃過材料，放上剩下的蔥綠及辣椒，蓋鍋蓋轉小火燉煮 90 分鐘。之後關火，讓牛肉燜個 15-20 分鐘。

肉圓輕鬆talk

燉牛肉的步驟看起來繁瑣複雜，但打開鍋蓋看到充滿茄紅素，漂亮鮮紅的湯頭，吃到嫩口的牛肉，真的讓人甘願如此啊！本來在露營時才會遇到秒殺，沒想到在棚拍時，大家初嚐此味也秒殺了…

Cooking time
110分鐘
ok!

cooking time
80分鐘
OK!

第一次滷肉燥就上手

有天心血來潮，突然想做做看一鍋滷肉燥，憑著印象，就來試著做看看，沒想到還真的給我成功了，所以下這標題不是沒有原因的，肉圓第一次做都可以成功，相信大家一定也可以。

材料

豬絞肉 1 斤
紅蔥頭 120g（去皮切片約 1 杯）
蒜頭 20 瓣（去皮蒜頭粒 1/3 杯）
白胡椒粉 1/4 匙
五香粉 1/4 匙
糖 2 大匙
米酒 1 大匙
薄鹽醬油 1/2 杯
油 2 杯（油炸用）

作法

1 將紅蔥頭切小片狀、蒜頭切末備用，油放入荷蘭鍋中加熱到 160 度（測油溫可丟入紅蔥頭，看到紅蔥頭與細小的泡沫慢慢浮上來，就大約是 160 度油溫），將紅蔥頭用中小火慢慢炸到金黃，時間約 45-50 分鐘。起鍋前將蒜末放入一起炸，炸到微變色即可。

2 炸好的紅蔥頭及蒜頭取出瀝乾備用。

3 豬絞肉入鍋炒香，先加入糖拌炒上色，變色後加入米酒嗆香，再加入白胡椒粉及五香粉拌炒。

4 加入炸好的紅蔥頭及蒜頭拌炒均勻。

5 再加入醬油拌炒均勻。

6 加入適量的水淹過肉燥。蓋上鍋蓋燉煮 30 分鐘。起鍋後，簡單下飯的滷肉燥就完成了！

懶人糖醋排骨

做糖醋排骨總是要記住各種佐料的比例 12345，更不想炸排骨，弄得油膩膩的，我決定將佐料比例全部改成 1:1:1:1:1，全部簡單化，卻有意想不到的美味！

材料

排骨半斤
洋蔥半顆
酒 1 匙
糖 1 匙
薄鹽醬油 1 匙
白醋 1 匙
番茄醬 1 匙

作法

1 起油鍋，將洋蔥炒香。

2 下排骨，炒到排骨都變色，先下酒嗆香，再拌炒一下。

3 加水，有淹過排骨即可，再將其他的佐料全都放入，轉小火，燉煮 30 分鐘後開鍋，轉大火，將湯汁收乾，即可起鍋。

肉圓 輕鬆 talk

這一道煮排骨的軟嫩度及鹹度剛好，不喜歡吃太鹹的人，照我調的比例剛剛好，因為我是個不愛吃飯的小孩。如果跟肉圓一樣怕麻煩，又想吃糖醋排骨的話，這一道料理推薦可以試做看看，一鍋就可以搞定！要特別注意的是最後一定要用大火收乾，才不會讓排骨的油脂一直流出，顯得過油。

cooking
35分鐘
ok!

露營必學三杯雞

有一陣子三杯雞的醬料廣告打得很兇，但是因為調味料不便宜，肉圓心想這道菜應該不難吧！於是就著手嘗試看看，反正有碗粿幫忙試吃！

材料

雞腿肉 2 斤
蒜頭 10 顆
蔥 1 把
老薑 5 公分長 1 段
辣椒 1 根
九層塔 1 大把
醬油 30ml
烏醋 1/4 杯（60ml）
米酒 1/4 杯（60ml）
麻油 2 大匙

作法

1 薑切成薑片、蔥切成蔥段、蒜頭拍碎、辣椒切片、九層塔洗淨放一旁晾乾，九層塔先將花心摘掉。

2 將薑片及蒜頭用麻油炒香，再加入辣椒、蔥段炒香。

3 接著將雞肉放入均勻炒到變色。

4 接著依序先放入酒、醬油、烏醋，酒先跟雞肉炒香，再放入醬油炒香上色，最後才加烏醋，視醬汁的情況是否添加開水，水有淹到雞肉一半即可。

5 蓋上鍋蓋小火燉煮 15 分鐘後，打開鍋蓋將湯汁用大火收乾。

6 起鍋前加入九層塔，稍微拌炒一下即可完成。

肉圓 輕鬆 talk

用荷蘭鍋煮三杯雞比起外頭賣的雞肉更加嫩口，而原本醬油、烏醋、酒的比例是 1:1:1，但是考慮到現代人不想要吃太鹹，因此將醬油的部份做減量，這樣就不需要配飯也可以單吃了，如果要配飯吃的話，就維持 1:1:1 吧！

cooking time
35分鐘
ok!

我們的荷蘭鍋聚—— 分享鍋友美味提案之 3

快速秒殺的
烤雞宴

時間 / 2009 年 5 月 17 日

地點 / [飛螢農場] 苗栗縣通霄鎮福興里 11 鄰 126 號 037-783371

鍋友成員 / Stone、馬克、鐵雄、阿$、小余、Nick、火星人馬文、白天鵝、丁小雨、
國王與將軍的媽、波波、Bala、小高、丁丁、牛皮、James、GG

　　這是 98 年第一次對外的鍋聚，參與的荷蘭鍋共有 12 鍋，為此肉圓還特地去訂做一個荷蘭鍋的鑰匙圈當小禮物。抵達飛螢農場後，農場的老闆娘熱情的送我們一大堆剛摘下地瓜葉，數量好驚人，鍋友們都埋在地瓜葉堆裡整理。在農場露營有個好處，遇到熱情的老闆，光是贈送的蔬菜都不知道要吃幾餐了。

　　這一次的鍋聚分成瓦斯爐組及炭火組，瓦斯爐的有金門麵線糊、西班牙海鮮飯、苦瓜雞湯、肉骨茶、啤酒燉雞，炭火組的有烤雞、香蕉蛋糕、胡椒蝦、烤地瓜、四神湯，沒多久第一鍋烤雞出爐，引來十多位民眾圍觀，第二鍋香菇烤雞出爐還有貪吃鬼夾斷筷子，很多沒有照片為證的幾乎都被秒殺了，幾乎都沒有人有剩菜的，連第一次參加鍋聚的 Nick，看到自己烤的雞被十多位鄉民搶食、拍照，都留下兩行淚了，從此加入了荷蘭鍋鍋聚的固定班底

荷蘭鍋真是魅力無窮！把鐵雄的
烤番薯和馬文的海鮮燉飯都比
下去了。

飽嗝的美味

炊出食物真滋味

cooking time
35分鐘 ok!

地中海茄汁海鮮燉飯

這一道改良自西班牙海鮮燉飯，主要是番紅花真的是太貴了，茄紅素也不錯啊，那就用番茄來取代吧！自己做還能增減喜歡的海鮮配料。

材料	作法
市場買想吃的海鮮 （蝦子、透抽、蛤蠣皆可） 番茄 3-4 顆 番茄罐頭 1 罐 洋蔥半顆 蒜頭 3 瓣 米 2 杯 綜合香料粉 1 匙 油 1 匙 白酒 2 大匙 高湯 1.5 杯	**1** 蝦子去殼留頭尾、透抽切塊、番茄切塊、洋蔥切丁、蒜頭切片備用。將油放入荷蘭鍋，開始炒洋蔥。洋蔥炒到變色後，加入蛤蠣及蒜片。 **2** 加入番茄拌炒，依序加入透抽及蝦子拌炒，並淋上白酒。 **3** 再加入香料粉拌炒入味，將材料取出備用。 **4** 荷蘭鍋內放入白米，加入番茄罐頭。倒入 1 杯半的高湯（底層如果湯汁多，視情況減少高湯量）。湯汁淹過材料 1.5cm 高度即可。 **5** 將米拌煮均勻後，鋪上剛才取出備用的材料。中大火煮到鍋邊起白煙，轉小火 15 分鐘，關火後燜 15 分鐘。起鍋將材料與米飯攪拌均勻後，即可上桌。

肉圓
輕鬆talk

這一道雖然用番茄來取代番紅花，但是美味一樣不打折！而且加了綜合香料粉，讓一開鍋就飄發著一股香草的氣味，米飯浸滿了番茄與海鮮的香味，這一道完全不輸西班牙海鮮飯。不過我用的是番茄罐頭，如果比較有空的話可以用新鮮番茄 4 顆，打成泥備用，會更好吃。

私の味田園蛤蜊炊飯

這道炊飯有竹筍的甜味、還有海鮮的新鮮的滋味，可以媲美日本的便當，
連放涼都好吃耶，趕快試做看看！

35分鐘
ok!

材料

綠竹筍 1 根
白米 2 杯
鴻喜菇 1 包
蛤蠣 1 斤
荷蘭豆 1 把
蒜頭 2 瓣
肉燥醬 2 大匙
酒 1 大匙
蔥少許

作法

1 把蛤蠣放入水中煮，並放入蔥尾及兩顆蒜頭去腥。

2 蛤蠣煮開之後，把蛤蠣跟湯分開，湯先留著備用。

3 將蛤蜊肉取出備用。

4 鍋內放少許油，將鴻喜菇放入炒到出水。

5 再加入竹筍放入拌炒。

6 接著加入市售任一品牌或自製的肉燥醬（做法詳見 P.91）兩大匙，炒勻後先關火。

7 將米放進來均勻攪拌，加入 2.5 杯的蛤蠣湯汁。加入 1 大匙的酒（可以加在飯裡，或是加在剝好的蛤蠣肉裡），蓋鍋蓋開中火，鍋邊冒蒸氣後，轉最小火煮 15 分鐘後關火。

8 接著燜 15 分鐘後，開蓋把荷蘭豆與剝好的蛤蠣肉放入一起再燜 3 分鐘。把飯拌勻，就可以準備上桌囉～

肉圓
輕鬆talk

在煮炊飯時，飯粒的口感取決於你放水的多寡，想吃粒粒分明的感覺，建議水放 2.2 杯，若比較愛黏稠的口感，水則放 2.5 杯；另外剝好的蛤蠣肉，可以加一點酒，讓蛤蠣浸在酒中減少放冷的海鮮味道。

一夜干潮味炊飯

有關魚乾炊飯,肉圓的部落格裡其實做了不少,這次我想推薦一夜干炊飯,
結合家裡現成的泰式咖哩粉,做個泰味一夜干炊飯吧!

材料

花魚一夜干 1 尾
米 2 杯
鴻喜菇 1 包
泰式咖哩粉 1 匙
高湯 2.5 杯
酒 1 匙

作法

1 將荷蘭鍋底層放上層架鋪上烘焙紙。視魚的大
　小,稍做切割擺入。瓦斯爐開中小火;烤約 8
　分鐘。

2 將魚取出,荷蘭鍋放入米、鴻喜菇,加入 2.5
　杯高湯、酒 1 匙、咖哩粉,均勻攪拌。

3 再將魚鋪上,蓋上鍋蓋中火煮到鍋邊冒煙後,
　小火煮 15 分鐘,關火燜 15 分鐘。

肉圓 輕鬆 talk

起鍋時,如果有老人家
或小孩要吃,建議可先將魚骨
去掉,將魚肉分成小塊小塊。
要不然就直接開動,也是很對
味,黃色的米飯搭上鮮嫩的魚
肉,這一道炊飯沒話說!

Cooking time
4.0分鐘
OK!

cooking time
4 5 分鐘
OK!

幸福感麻油雞飯

煮麻油雞湯不稀奇,那麼麻油雞可以煮成飯嗎?在寒冬中,尤其當你在野外露營時,這一道炊飯可以溫暖大家的胃及心,當然在家裡做,也是非常受歡迎。

材料

雞腿肉 1 斤
老薑 3 公分 1 段
料理米酒 100ml
麻油 2 大匙
乾香菇 8-10 朵
米 2 杯

作法

1　先將雞肉洗淨、薑切片、香菇泡發切片。

2　備鍋子,倒入麻油,冷油開始炒薑。薑的香氣炒出來後,再加入香菇拌炒。

3　香菇炒香後再加入雞肉拌炒。要炒到雞肉變色,雞皮出油。

4　倒入剛剛泡發香菇的水,接著倒入料理米酒,再加一點水淹過雞肉。蓋上鍋蓋燉煮 15 分鐘。

5　先將荷蘭鍋中的麻油雞取出,放入白米。再將麻油雞的湯汁倒入 2 杯半,接著將雞肉鋪在米飯上。蓋上鍋蓋開中火煮到鍋邊冒白煙,轉小火煮 15 分鐘,燜 15 分鐘。起鍋後再試個人口味是否放入鹽巴。

肉圓輕鬆talk

當天煮好馬上試吃,這一道飯真是太神奇了,不需要加其他的配菜,一鍋就能搞定,麻油和薑的香味撲鼻而來,又有雞肉和飯料的香甜和飽足感,簡直是絕配!冬天煮這一道真的很暖心又暖胃,吃飯兼進補。

Cooking time
35分鐘
OK!

秒殺開胃蝦仁飯

有一位朋友在網路上貼了一張蝦仁飯的照片，我心想蝦仁飯是吧？我就不信做不出來！
仔細看了台南知名的蝦仁飯圖片。再回想裡頭的滋味後，就決定放手一試！

材料

米 2 杯
蝦 1 斤
蔥 1 把
蒜頭 1 瓣
紹興酒 1 大匙
薄鹽醬油少許
鹽巴 1/2 小匙
胡椒粉少許

作法

1 蝦子剝殼變蝦仁，並剔除蝦腸，蝦殼留下熬湯，蔥切段，加上一小顆的蒜頭切末。

2 蝦仁洗淨後，用紙巾擦乾。接著放入紹興酒、鹽巴、胡椒調味醃個幾分鐘。

3 蝦殼的部份起油鍋下去炒蝦殼，把不要的蔥尾段也一起放入拌炒。

4 加水熬成蝦湯後取出備用。

5 將荷蘭鍋放入少許的油，把蔥段、蒜末放入爆香，蝦仁下鍋炒熟後，將蝦仁盛起備用。

6 原荷蘭鍋擺入米，放入 2.5 杯蝦湯，加上少許的醬油調色。蓋上鍋蓋，開中火，鍋邊冒煙後轉小火，計時 15 分鐘關火。接著燜 15 分鐘，最後將蝦仁擺入再燜 2 分鐘。

肉圓 輕鬆talk

跟台南的蝦仁飯口味有些不同，我做的蝦仁飯的是有鍋巴的，不過味道肯定是 OK 的！碗粿說：「一口蝦仁一口飯，嘴裡滿滿的鮮蝦味，米粒的口感搭配蝦仁的 Q 彈，讓你不自主的扒完一碗又想再來一碗！」

cooking time
40分鐘
ok!

健康滿分鮭魚雞粒炊飯

鮭魚不但有豐富的 DHA 而且魚刺少，對於小孩和老人家來說，真是容易料理及食用的食材之一，這道炊飯在野外露營時，很受小孩喜歡。一碗飯裡包含了各種的營養素，還可以依照個人需求變化不同的材料！

材料

鮭魚肉 1 片
雞胸肉 250g
洋蔥 1 顆
毛豆 1/3 杯
鴻喜菇 1 包
酒 1 大匙
香草鹽少許
鹽巴少許
黑胡椒少許
橄欖油 1 大匙
米 2 杯

作法

1 荷蘭鍋放入層架烤盤紙，將鮭魚兩側抹鹽，放入中火烤 8 分鐘後，取出備用。

2 洋蔥、雞胸肉切丁。將雞胸肉撒上香草鹽、黑胡椒，淋上橄欖油，稍微抓捏後備用。起油鍋，將洋蔥炒香，放入雞肉拌炒。

3 接著將鴻喜菇及毛豆放入拌炒，怕毛豆豆腥味太重的可以先將毛豆川燙。

4 將米放入，倒入 2 杯半的水及酒 1 大匙。

5 將整塊鮭魚放入，上蓋後開中火煮到鍋邊冒煙後，轉最小火煮 15 分鐘，燜 15 分鐘，起鍋時將鮭魚肉攪散與飯粒拌勻即可。

肉圓
輕鬆talk

這樣一鍋美味料多的鮭魚雞粒炊飯就完成了，有魚有雞有蔬菜，一整個好健康的感覺啊，推薦給家中有小孩的人做看看。

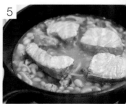

金光閃閃黃金雞飯

黃金雞飯的準備材料及煮食過程真的有點繁瑣，但是相對的美味也不同一般，吃得到
雞肉的嫩甜多汁，金瓜有蔬菜的甜味，米飯也軟中帶甜，是一道恰如其分的療癒美食，
尤其是露營時，一上桌馬上就被搶光了。

材料

金瓜 1 顆
乾香菇 12-15 朵
蘑菇 1 盒
去骨雞腿肉 2 隻
敏豆 1 把
洋蔥 1 顆
紅蘿蔔 1 根
奶油 1 小塊
米 2 杯
酒 2 大匙
醬油 2 大匙
高湯少許（可用高湯塊替代）
黑胡椒少許

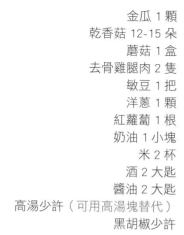

作法

1 金瓜對切去籽，一半切塊備用，一半灑上鹽，入鍋蒸煮 15 分鐘。香菇泡發切絲、蘑菇切片、洋蔥切丁、敏豆切丁、紅蘿蔔切丁，雞肉切塊灑上鹽巴與黑胡椒備用。將泡發香菇的香菇水倒入米內備用。

2 將蒸熟的金瓜肉取出，加入一小塊奶油及一湯勺的高湯，攪拌成金瓜泥。

3 荷蘭鍋乾炒蘑菇至出水。加入一大匙油，炒洋蔥，洋蔥軟化後，加入泡發的乾香菇拌炒。

4 加入雞肉拌炒至變色。

5 加入紅蘿蔔與南瓜拌炒，再加入敏豆拌炒。

6 再依序加入酒及醬油拌炒均勻，加入一半的金瓜泥及一杯高湯，炒勻後蓋上鍋蓋燉煮 5 分鐘後，將炒好的食材取出。

7 鍋內放入米，加入 2 杯的高湯及剩下的南瓜泥。

8 將以上材料均勻攪拌燉煮，加入高湯，讓高湯比米高 0.5 公分。

9 接著擺入之前炒好的材料。蓋上鍋蓋後，開中火看到鍋邊冒煙後轉小火煮 15 分鐘，燜 15 分鐘後起鍋。

南洋風菌菇燉飯

因為參加烹飪老師藍偉華的新書發表會,對於香料入飯又多了一些想法,馬上把想像融入實做,用荷蘭鍋做炊飯的方面已經累積不少的經驗,那麼做燉飯效果如何呢?

材料

好菇道的香菇任選 3 包
香菇 1-2 朵
杏鮑菇 1 根
洋菇 5 朵
洋蔥 1/4 顆
蒜頭 1 瓣
雞湯罐 1 罐 400ml
椰奶 200ml
印度咖哩粉 1 大匙
黑胡椒少許
米 2 杯

作法

1 將香菇洗淨擦乾剝開、洋菇擦淨切片、洋蔥切丁、蒜頭切末。熱鍋後加入少量的奶油,將洋蔥入鍋炒香。

2 將菇類放入一起拌炒至出水。將米放入,倒入雞湯,充分攪拌。

3 再將椰奶倒入,充分攪拌。

4 放入印度咖哩粉,攪拌均勻,液面煮滾後再攪拌到有點像粥狀約 3 分鐘。

5 蓋上鍋蓋後,關小火煮 10 分鐘,關火燜15 分鐘,起鍋後,灑上胡椒粉提味。

Cooking time
36 分鐘
OK!

回憶滿滿的
山中鍋聚

時間 / 2009 年 7 月 25 日

地點 /［汶山飯店］台中縣和平鄉東關路一段溫泉巷 16 號 (04) 25951265

參加鍋友 / Nick、鐵雄、KC、小余、湯圓爸、白天鵝、馬克、周玲玲、牛皮、Bala、
艾米爾、喬丹熊、阿喜、Dada、GG

　　這一次鍋聚帶了肉圓的髮型師珮茹一同來參與，從台北一路開車前往谷關，提早到達的人已經開始在炊煮了，這次有車友把拖車開來營地，也有人買了車頂帳，露營的設備越來越多樣化。而小朋友一下車就跑去跟自己認識的小朋友圍成一圈分享玩具，大人們也不得閒啊，裝備一組裝好就開始加入炊煮的行列。

　　新同學 Nick 帶了自家醃製的香草鹹豬肉來，沒想到午後突來的陣雨，讓 Nick 奮不顧身的拿起雨傘往外衝，所謂

身可濕鍋不可濕啊，出現了幫荷蘭鍋撐傘的奇妙景象，這時肉圓慶幸用的是雙口爐，只要待在炊事帳裡頭看熱鬧，而肉圓已經把飯煮好了，這時不可取的湯圓爸竟然把雞肉丟給肉圓要煮三杯雞，一旁的艾琳及天鵝兄竟然還回頭看，你們別想太多了，專心認真的煮吧！

　　到處去照相的碗粿還發現了 Bala 竟然用料理包來偷吃步，鐵雄依然弄了荷蘭鍋第 1001 道菜色──烤番薯。三杯雞煮好的同時，之前煮的麻油雞飯也燜好了，但搶食畫面太過恐怖，肉圓依

荷蘭鍋讓男人凝聚,更守著
鍋子不放,連小男生都好奇。

然沒吃到,索性到一旁剪頭髮去了,剪好頭髮新同學 KC 煮的小卷米粉湯也好了,超有誠意的新同學,從熬大骨做湯底、煮米粉加入鰹魚粉、川燙小卷備用到完成,弄了 3 小時,果然是個厚工的好味道,這米粉湯吃的碗粿好 high。

大家吃喝的差不多後,天幕帳拉起,居酒屋一搭,宵夜場登場,都宵夜場了,鐵雄的南瓜排骨湯才默默登場,還好煮的還不錯,不然一定被打槍,而這次帶來的髮型師為排灣族的朋友,帶來自家釀的小米酒,讓大家才喝兩瓶,

11 點不到全體陣亡,只有她一人表示都喝不醉,不好玩!

隔天一早開始煎蘿蔔糕、捏漢堡、煮鹹粥,吃飽後前往附近的捎來步道健行,這時換我們嘲笑那位喝不醉的原住民了,因為整群就只有她累倒啊。下山後再到溫泉池泡泡腳,走到活動中心時剛好有 DIY 筆筒及手工香皂的活動,大夥又衝去參一腳,這兩天一夜的露營活動真的是超充實的,尤其是戰利品+回憶滿滿。

PART

6

減油
好健康

蒸煮料理原味上桌

泰酸辣海鮮蒸蛋

之前用荷蘭鍋做布丁，做出來像蒸蛋的口感非常滑順，碗粿說，不如來做蒸蛋吧！肉圓眉頭一皺……想了一下應該可行喔！原來除了燒烤、燉煮功能之外，荷蘭鍋也能蒸蛋，口感比電鍋蒸出來的更美味！

材料

酸辣湯塊半塊
雞蛋兩顆
蝦子 8 隻
蛤蠣 4 顆
透抽（或花枝）半隻
杏鮑菇 1-2 根

作法

1 將酸辣湯塊溶於 250ml 的溫水中，將蛋打散，放入酸辣湯中，打勻，並將蛋液用濾網篩過。（湯水溫度不能過高，會變成蛋花湯！）

2 取蒸煮布丁用的 3 個小容器，將材料分別平均放入容器內。再將過篩過的蛋液倒入。

3 荷蘭鍋放入層架，再放上鐵盤，在鐵盤內放入熱水，將裝好蛋液的容器擺入，也可以在荷蘭鍋放水，直接放上層架蒸。中火蒸煮 15 分鐘，依熟度略為調整。

1

2

3

肉圓
輕鬆talk

第一次做蒸蛋，沒想到出爐後，碗粿超捧場，做了 4 個，肉圓吃一口嚐味道，剩下的碗粿秒殺，馬上直說這個可以寫進食譜內。放鐵盤內的蛋吃起來比較 Q，直接擺上層架的會比較水嫩，大家也試看看吧！

Cooking time
15分鐘
ok!

祖傳酒香破布子蒸魚

這一天收到同事送的手作破布子，這種難得的好物，當然要用來料理，才不會對不起送禮者的心意……，破布子的鹹香甜融入到魚汁中，真是配上兩碗飯也不夠！

材料

鱸魚 1 條
薑 1 小塊
蔥 1 小把
辣椒 1 條
破布子 1 小碟（1/4 杯）
鹽巴少許
梅酒（或酒）2 大匙
醬油 2 大匙
香油少許

作法

1 將辣椒、蔥切絲，薑切片備用。將魚洗淨，在魚身劃兩刀，均勻抹上鹽巴。

2 取一鐵盤，鋪上薑片、蔥尾將魚放入。淋上兩大匙酒並放入破布子。再淋上兩大匙醬油及灑上香油。

3 荷蘭鍋內放入層架，加清水，水量以接近層架為原則，將魚放入大火蒸 13-15 分鐘，要依魚的大小略作調整。起鍋後將蔥絲及辣椒絲擺上魚身。將香油燒熱，用湯匙淋在蔥絲上頭。

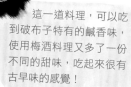

肉圓
輕鬆talk

這一道料理，可以吃到破布子特有的鹹香味，使用梅酒料理又多了一份不同的甜味，吃起來很有古早味的感覺！

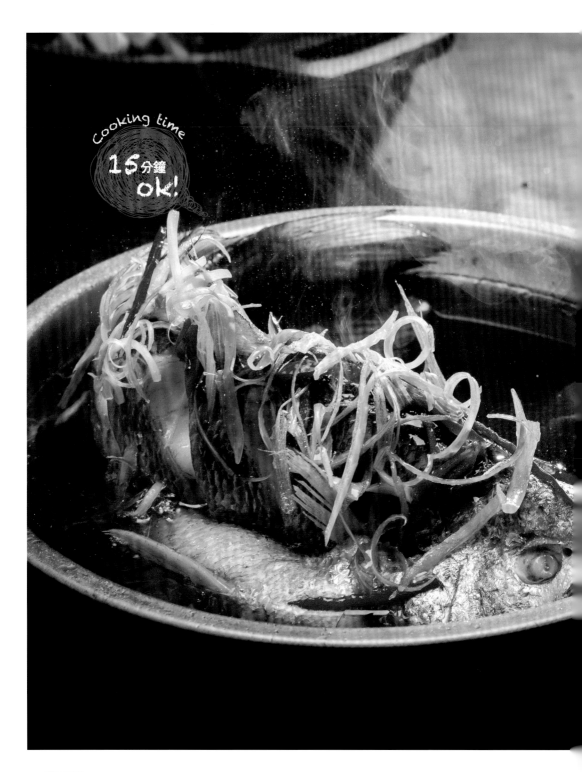

Cooking time
15分鐘
ok!

八八坑道老酒黃魚

從馬祖旅遊回來後，好懷念老酒黃魚的鮮美之味，家裡若有老酒的人，可以用它來蒸魚，別有一番滋味。尤其有親朋好友來拜訪時，這道菜絕對讓你很有面子。

材料

黃魚 1 條
老薑 1 塊
蔥 1 小把
辣椒 1 根
鹽巴少許
老酒 4 大匙（1/4 杯）
薄鹽醬油 2 大匙
香油 2 大匙

作法

1 將黃魚洗淨，在魚身劃上幾條切口，灑上鹽巴。

2 老薑切片，蔥切絲、辣椒切片。取一鐵盤或瓷盤，底部鋪上薑片和蔥尾，將魚抹上鹽巴後放在薑片上，淋上老酒及薄鹽醬油。

3 鍋內置入層架，荷蘭鍋內倒入清水，水量以接近層架為原則。將魚放入蒸煮 13-15 分鐘。起鍋後將蔥絲及辣椒絲擺上魚身。

4 將香油燒熱，用湯匙淋在蔥絲上頭，即可上桌。

肉圓
輕鬆talk

老酒放的多，起鍋後滿是酒香，黃魚的肉又嫩，讓在場的人吃的津津有味，其實自己做並不難，趕快動手做看看吧！

蒸美味剝皮辣椒蒸肉

從花蓮買回的剝皮辣椒香辣、爽脆，很多人去花東旅遊時都會帶一兩罐回家，卻不知要怎麼利用它，其實煮湯、蒸肉都很適合。就醬辦！

材料

豬絞肉 300g
紅蘿蔔末 2 大匙
剝皮辣椒 5 根切末
米酒 1 匙
剝皮辣椒的醬汁 1 匙
鹽巴 1/4 匙
香油少許

作法

1 取一盆子，將豬肉放入，先加入酒及鹽巴和剝皮辣椒的醬汁後，以順時針或逆時針方向攪打，注意一定要同一方向。

2 將絞肉摔打出彈性後，將紅蘿蔔末及剝皮辣椒末放入。

3 混合均勻後將肉稍加拍打出彈性，將肉捏成肉丸狀，裝入盤中，灑點香油。

4 荷蘭鍋擺入層架，加水水量以接近層架為原則。將盤置入荷蘭鍋上蓋後大火蒸 15 分鐘。

肉圓
輕鬆talk

如果家中沒有剝皮辣椒也可以用醬瓜來取代，就是平常大家會做的瓜仔蒸肉，輕鬆就可以變化出一道菜色出來。

cooking time
15分鐘
OK!

深夜食堂酒燒蛤蜊

露營時會喝一點小酒，真的是料理靈感的來源啊，因為這一道便是下酒菜來著！有次從日本旅遊帶回的清酒，想試著用日式居酒屋的料理方式嘗試看看，於是便完成了這道菜。

材料

蛤蜊半斤
蔥 1 小把
蒜頭 5 瓣
米酒（或白酒）150ml

作法

1 將蔥及蒜切末，將荷蘭鍋燒熱，再放入蛤蜊。

2 有蛤蜊開殼時，再加入米酒。

3 起鍋前加入蒜頭及蔥花。

肉圓
輕鬆talk

沒錯，就這樣，一道簡單的下酒菜就完成了！蛤蜊的鮮甜及滿滿的酒香，搭配啤酒超級對味的！

Cooking time
5分鐘
ok!

馬祖阿婆老酒麵線

肉圓喜歡旅行，更愛跟著味覺去旅行，如果在當地吃到好吃的料理，可以
的話就會想把味道帶回家，上次去金門玩後，就完成了一道金門麵線糊，
台南版的則仿造府城小吃矮仔丸蝦仁飯，這一次是肉圓在馬祖旅行後，一
直很想念當地阿婆煮的老酒麵線，最近天候異常，一連煮了三天，身心都
好溫暖啊～～

cooking time

10分鐘 ok!

材料

老酒 1/4 杯
蛋 2 顆
蛤蠣 10 顆
蝦子 6-8 隻
透抽半隻
香菇 3 朵
豬肉絲 20g
貢丸或燕餃 2 個
紅蘿蔔 5 公分 1 段
麵線 1 把
蔥 1 把
薑片 1 片
麻油 1 大匙

作法

1 鍋內倒入麻油，放入薑末爆香，將蛋打入，煎荷包蛋，煎到兩面金黃，將煎好的荷包蛋取出備用。

2 鍋中放入豬肉絲拌炒，起鍋前淋上一點老酒嗆香，再將豬肉取出備用。

3 紅蘿蔔切絲、香菇切片備用。鍋內加水，水滾放入紅蘿蔔、香菇。

4 依序放入貢丸、蛤蠣、透抽、蝦子，放入些許老酒提香。

5 食材幾乎快熟時，放入麵線，稍微用筷子攪拌一下，避免結團。

6 起鍋前放入蔥段，試味道加入適量鹽巴。

7 接著放入煎好的蛋及豬肉，淋上老酒，稍微滾一下，老酒麵線就可以起鍋了。

肉圓
輕鬆talk

整鍋有滿滿的老酒香氣，麵線都吸飽海鮮的湯汁，讓碗粿忍不住吃了兩碗，太飽直喊肚子痛，隔天又注文一鍋，連同學吃完都再來一碗。我只能説，旅行，真的是太美好了！

Cooking time
90分鐘
OK!

暖心藥膳雞湯

台北時常下雨，溼冷的天氣就讓人好想要喝一碗熱呼呼的雞湯，想起之前在餐廳喝到的美味雞湯，想著想著，決定自己動手來做！

材料

超市切好的半雞切盤
薑 1 小塊
新鮮香菇數朵
（大的 5-6 朵、中等的 15 朵）
蛤蠣 1 斤
枸杞 2 大匙
黃耆 1/4 杯
紅棗 15 粒

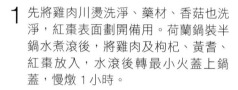

作法

1 先將雞肉川燙洗淨、藥材、香菇也洗淨，紅棗表面劃開備用。荷蘭鍋裝半鍋水煮滾後，將雞肉及枸杞、黃耆、紅棗放入，水滾後轉最小火蓋上鍋蓋，慢燉 1 小時。

2 接著放入香菇（如果是大朵的切成 4份）續燉 20 分鐘。

3 20 分鐘後檢查雞肉是否都已燉煮至軟嫩，通常這時候都已經嫩到不行了。先將火轉到中火讓雞湯滾起，再將已經吐過沙洗淨的蛤蠣再放入。

4 這時候有浮渣一定要撈乾淨，當蛤蠣殼都已經打開後，就可以關火了。這時嚐看看湯的味道是否足夠，再適量加點海鹽提味。

肉圓 輕鬆 talk

料理完成後，請碗粿來試看看味道，這傢伙已經迫不及待盛了好大一碗的雞湯到客廳去配電視了，接著不用我多問，已經在 FB 的動態看到她的雞湯炫耀文了！

元氣滿滿鹹粥

肉圓就是這麼無聊，去吃了知名的鹹粥店，嫌棄人家料加太少，於是看了裡頭有什麼料後，決定回家複製。自己煮的果然料多豐富又可口。

材料

米 1 杯
豆皮 2 片
乾香菇 6-8 朵
蝦米 10g
蚵仔 200g
豬絞肉 200g
芋頭半顆
高麗菜 1/4 顆
紅蘿蔔半根
豬油蔥 1 匙
芹菜 3-5 根

肉圓 輕鬆talk

果然還是自己煮的粥料多味美啊，在棚拍時也把攝影師嚇到了，說肉圓的料又鮮又多，哈，就是喜歡料多的粥。

作法

1 豆皮、紅蘿蔔切丁、香菇泡發切絲、蝦米泡發、蚵仔洗淨備用、芋頭切大丁、高麗菜切 1.5 公分塊狀。起鍋，將豬油蔥融化。

2 鍋內加入香菇、蝦米爆香。再加入芋頭拌炒。

3 加入豬絞肉炒熟。

4 加水淹過材料，將水煮滾。

5 加入紅蘿蔔、豆皮、米、高麗菜。水滾後蓋上鍋蓋，小火煮 15 分鐘。

6 將米都煮熟後，放入蚵仔，加入鹽巴調味。

7 起鍋前加入芹菜即可。

cooking time
30分鐘
ok!

金門手工麵線糊

這一道是旅行後的創作，我們到金門旅遊時嚐到當地麵線糊特別的口感，回到台灣時一直很想念，想了想，循著自己味覺的記憶上市場買了材料回家，沒想到真讓我做出懷念的味道。

材料

醬油 1 匙
太白粉 1/2 匙
乾香菇 6-8 朵
豬肉絲 50g
蝦米 10g
黑木耳 1 片
紅蘿蔔 1 小段
芹菜 3 根
蛋 2 顆
豬油蔥 1 大匙
麵線 1 大把

作法

1　豬肉絲加入 1 匙的醬油、1/2 匙太白粉抓捏均勻。香菇泡發切絲、蝦米泡發、黑木耳切絲、紅蘿蔔切絲，芹菜切末備用。

2　荷蘭鍋內加入豬油蔥，融化後，加入香菇及蝦米爆香。

3　加入紅蘿蔔絲拌炒。

4　加水，蓋上鍋蓋等水滾，將肉絲剝開，一條條慢慢下鍋。

5　加入黑木耳絲，將麵線下鍋。試看看湯的鹹度，視情況加鹽巴調味，起鍋前，淋上蛋液，輕微攪動形成蛋花，最後灑上芹菜即可完成。

肉圓 輕鬆talk

記得鍋聚時煮這一鍋，銷售量超好的，10 分鐘內就結束了，簡單又好吃的麵線糊，食材可以選自己喜愛的做搭配。

Cooking time
10分鐘
ok!

我們的荷蘭鍋聚——分享鍋友美味提案之 5

雲海中的
暖心料理

時間 / 2010 年 5 月 17 日

地點 / [烏嘎彥] 苗栗縣泰安鄉大興村 4 鄰 61 號

鍋友成員 / 肉圓、碗粿、Happy 麻、馬克、Nick、鐵雄、阿$、牛皮、周玲玲、徐一針

一到營地大家紛紛大顯身手，
有超辣空心菜、烤茄子、煎牛
排等好料。

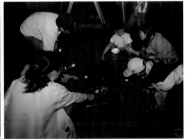

　　「日出、夕陽、夜景、雲海、山中美景」是烏嘎彥營區所標榜的特色，因此，這次鍋聚讓大家就非常期待。

　　這兩天來，我們在美景中紮營，暫時拋掉城市生活的瑣事，一心只想好好享受山中的雲霧、山嵐、林木之美，但最讓人好奇的就是鍋友們到底出了什麼好菜？

　　一來到烏嘎彥的營地就起了大霧，大家出手煮的都是暖胃料理，有麻油雞、燒酒雞，我們就煮了一鍋沙茶魚頭，雖然是男人的鍋，但鍋友馬克這位在外才有展現廚藝的，通常不靠譜居多，例如這天就炒出超辣的空心菜。但靠譜的男人還是佔大多數，我們當天才有牛排可以吃，Happy 麻當天則準備了好吃烤茄子搭配印度烤餅，Nick 這次偷呷步的太厲害，把媽媽帶來現場負責滷肉，晚間時刻也為了小朋友準備了巧克力鍋，卻因為化學不及格，誤聽謠言加了紅酒進去，整鍋毀了，只能變成炭火烤棉花糖。

　　隔天起床後，大家悠閒的在雲海旁吃早餐喝咖啡，這一次的鍋聚活動有 Happy 麻的麵包教學活動，等待麵包發酵時，鐵雄也烤好一鍋番薯了，麵包發酵好後，大家發揮創意的製作自己想要的麵包，但本人的螃蟹製作失敗，最後莫名的變成一隻蟾蜍，後來索性剪個硬幣放上去，烤好後，肉圓簡直沒被笑翻，這一次的野外麵包製作，實在是太搞笑了！

像蟾蜍？大家評評理！

戶外實做

歡迎跟我來野炊

天香回味椒麻雞

在野炊時，烤雞是非常受歡迎的菜色，它色香味俱全，又方便做。不過，我總是會想變換一下烤雞的口味，而不是只有傳統的烤肉醬口味，這次改用辣椒與山葵椒鹽來料理，嘗試一下做做椒麻雞。

材料	作法
雞 1 隻	**1** 將所有的醃料放入鐵盆中。
醃料	**2** 均勻的把粉料塗抹到雞肉上及肚子內，並做 SPA 好好的揉捏入味。
辣椒粉 1 大匙	**3** 取鐵盤、裡頭放上層架，再將雞放入。準備荷蘭鍋，放入鋁箔紙（怕湯汁滴下要洗鍋），將雞肉擺入，馬鈴薯圍著雞成圓圈狀擺放。
山葵椒鹽 1 大匙	
花椒鹽 1 大匙	
黑胡椒 1 大匙	**4** 瓦斯開中小火，鍋蓋上擺放 6 顆煤球，烤 50 分鐘。戶外野炊時，在荷蘭鍋上下都擺上煤球，烤 1 小時。
糖 1 大匙	
鹽巴 1/2 匙	**5** 在雞肉刷上些許蜂蜜，接著關火燜 20 分鐘。
白酒 2 大匙	
馬鈴薯數顆	**6** 開鍋後，先用筷子戳戳看，雞肉是否熟透，再將雞肉取出。將雞肉與馬鈴薯分開擺盤。
蜂蜜少許	

肉圓 輕鬆talk

這一道料理使用大量的椒香料，吃起來會有微微的椒麻感，如果嗜辣的人，可將辣椒粉的份量增加，加上辣椒粉這一味，烤出來的雞肉色澤帶了紅黃色，很引人食慾，而荷蘭鍋烤出來的馬鈴薯不用說，一定是鬆、軟、香！

Cooking Time
8〇分鐘
OK!

藥膳土窯雞

剛買荷蘭鍋的頭一個月，常常在做烤雞，那時網路上荷蘭鍋食譜不多，蠻常在網路上回答網友的問題，當天就是回答網友土窯雞的袋子要在哪裡買，搞得自己也想來一隻土窯雞，那就來做吧！

材料

烏骨雞 1 隻
市售人參藥材包 1 包
米酒 200ml

作法

1 將烏骨雞洗淨放入土窯雞的袋中。

2 接著把人參藥包放入，倒入米酒。

3 將土窯雞的封口反摺幾折。

4 用鋁箔紙將土窯雞的袋子均勻裹上兩圈，怕接觸到鐵鍋袋子會破。

5 在家裡做這一道時，瓦斯爐開中火、上頭擺放煤球 6 顆，烤約 50 分鐘，然後關火燜 20 分鐘。

6 戶外的話，荷蘭鍋上下擺滿煤球，烤 1 小時，離開炭火燜 20 分鐘。將雞肉從土窯雞袋中取出擺盤，並將湯汁倒出即可。

肉圓
輕鬆talk

土窯雞袋子在家樂福或大潤發可買到，藥膳包則可到超市及藥房購買。用袋子封住雞肉後，雞湯全是雞肉的原汁，鮮甜極了！

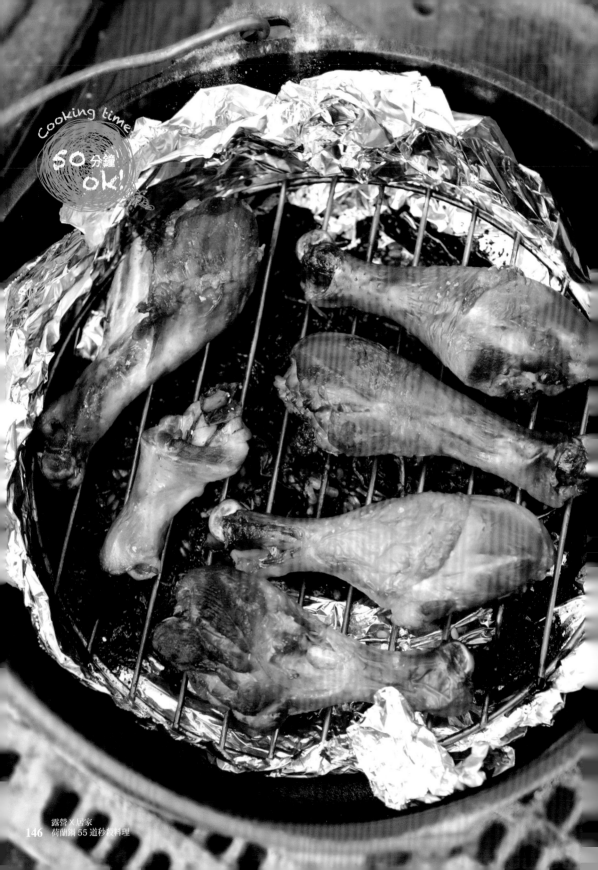

Cooking time
50 分鐘
ok!

高山茶燻雞腿

有一天在我姑媽的 FB 動態看到食譜，參照料理書後就做了，不過那一本是香港的書，根本有看沒有懂，經過兩次燻製的經驗後，這篇就來分享一下煙燻心得吧，讓大家在戶外也可以做出美味的下酒菜！

材料

雞腿 6 隻
蒜頭 3 瓣
薑 2 片
蔥尾 1 把
糖 2-3 大匙
米 1-2 大匙
茶葉 2-3 大匙
鹽巴適量

作法

1 將雞腿洗淨後，放入鍋中，加水淹過雞腿。水中放入蒜頭、薑片、蔥尾，蓋上鍋蓋煮 15 分鐘，關火燜 15 分鐘。

2 將雞腿取出，趁熱均勻的在雞腿上灑上鹽巴。

3 取荷蘭鍋，在鍋底鋪上鋁箔紙。在鋁箔紙上均勻的灑上糖、米、茶葉。

4 並架上層架。

5 將雞腿擺上層架，雞腿與雞腿間要預留空間。

6 室內中火煙燻 15 分鐘；室外鍋底擺滿煤球的狀態下，看到煙冒出來後，燻製 20-25 分鐘，可以開鍋蓋看上色的層度，以調整燻烤的時間。

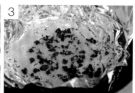

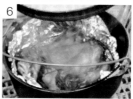

肉圓 輕鬆 talk

建議用台灣高山茶來燻，比之前用紅茶、英國茶等，茶味更香更明顯，台灣茶還真的是好物啊！

野趣石燒番薯

肉圓真是假掰，看到日本料理圖片有這一道，硬是要模仿一下，就拿糖炒栗子的石頭來弄！果然簡單又好吃，地瓜的口感在蒸與烤之間，超讚的！

材料

石頭 1 包
（可在露營店或市場的糖炒栗子店家買）
地瓜 8 個

作法

1 將石頭鋪 3-5 公分厚在荷蘭鍋底部。

2 地瓜洗淨後放入。

3 用石頭將荷蘭鍋均勻覆蓋。在家可以用中火烤 30-35 分鐘。

4 戶外野炊時，上下擺滿煤球，烤 35-40 分鐘。

肉圓 輕鬆talk

這樣烤出來的地瓜口感比較濕潤，充滿水氣的感覺，卻又不像是蒸煮或水煮的地瓜，非常好吃，值得一試，前題是要有石頭，外拍時也讓攝影大哥直呼好吃，差點就要買下鍋子了。

cooking time
35分鐘
ok!

現學現做鮪魚麵包

麵包已經在戶外做過多次，在露營的空檔，就可以用荷蘭鍋來烤個麵包當點心吃，同一個麵團也可以做 Pizza，製作方式簡單，表皮還能烤出酥脆的口感。

材料

餅皮

中筋麵粉 1 杯加高筋麵粉 1 杯 250g（2 杯）
溫水 125ml（1/2 杯）
鹽巴 5g（1 匙）
酵母 5g（1 匙）
糖 1 匙
橄欖油 2 大匙

餡料

鮪魚罐頭 1 罐
洋蔥 1/4 顆
玉米粒 2 大匙
鹽巴少許
黑胡椒少許
番茄糊少許
起司少許

肉圓
輕鬆talk

在野外露營時，能吃到剛烤好的麵包，真的是一件幸福之事。如果把麵包直接放在鍋底沒有用層架隔開，麵包底層容易燒焦，使用層架的話，就以 15 分鐘為基準，看麵包的熟度略增加烤的時間。

作法

1 將鹽巴混入麵粉中，酵母混入溫水中，水慢慢加到麵粉內。

2 用筷子慢慢成粉塊狀，接著將麵粉慢慢揉成團，發酵 30-45 分鐘。

3 將發酵好的麵粉團用手指往中心點壓入會形成一個肚臍樣，分成 3-5 等份。

4 將鮪魚罐頭內的湯汁瀝乾淨，拌入切丁的洋蔥及玉米粒，灑上一點胡椒粉及鹽巴，攪拌均勻備用。將麵粉團揉成圓形，或用手慢慢壓平，塗上番茄糊，包入適量的餡料，再加上起司。

5 荷蘭鍋預熱，準備中高層架，上、下火各準備 10 顆煤球。將麵包放入，烤 15-25 分鐘。

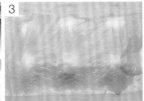

cooking time

Cooking time
8分鐘
ok!

荷蘭鍋炭烤披薩

有一陣子因為做了麵包後，越玩越上癮，有天突發奇想，不如來做看看披薩吧！

材料

餅皮

中筋麵粉 1 杯高筋麵粉 1 杯 250g（2 杯）

溫水 125ml（1/2 杯）

鹽巴 5g（1 匙）

酵母 5g（1 匙）

糖 1 匙

橄欖油 2 大匙

餡料

番茄糊適量

起司適量

鳳梨適量

蝦仁適量

火腿適量

培根適量

蘑菇適量

（依喜好斟酌）

作法

1 將鹽巴、糖、橄欖油倒入麵粉中，取少許溫水混入酵母，將水慢慢加到麵粉內（勿一次全加）。

2 將麵粉慢慢揉成團，發酵 30-45 分鐘。

3 發酵好的麵粉團，分成 6 等份，靜置 10 分鐘。取一鐵盤，底層用紙巾塗一層薄油。將麵粉團平後鋪在鐵盤上，如果使用烘焙紙或是鋁箔紙，也可以省略鐵盤。

4 在餅皮上塗上一層番茄糊，再依個人口味將餡料擺入。

5 最後在餡料上方灑滿起司。直接將餅皮放在荷蘭鍋即可。

6 荷蘭鍋的上下都擺入炭火，上炭多，下炭少，如果怕焦，就取層架隔開。每一片的披薩烤 8-10 分鐘即可起鍋。

肉圓
輕鬆talk

現烤比薩皮脆心軟，口感真的是太好吃了，尤其是自己加的料，可以又多又澎湃啊，這一道料理也很適合在戶外與親子同樂一起完成喔。

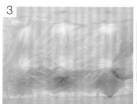

到山中 辦桌

時間 /2011 年 6 月 6 日

地點 / [露野觀雲] 苗栗縣南庄鄉東河村 24 鄰鹿場部落

鍋友成員 / 肉圓、碗粿、Happy 麻、小余、Mija、阿 $、鐵雄、Nick、白天鵝、牛皮、
　　　　　James、JJ、湯圓爸、永和哈雷、柯南、火星人馬文、Stone、Enga、喬丹熊、
　　　　　亮亮

　　無論事先計劃得多麼周詳，結果一到出發時，鍋友們忘東忘西的個性依然沒變，每次一出門才發現有東西沒帶，然後上了高速公路，互相打電話打聽一下誰可能會墊底遲到，接著一路吃吃喝喝的前往營地，抵達營地之後，發現一些以前要抱在手中的小朋友，現在都可以幫忙搭帳篷了，露營真是個陪伴小孩成長的好活動啊。

　　肉圓搬好裝備後，最愛到 Happy 麻的帳棚去逛逛了，這位蛋糕達人每次都會帶上一些手作的蛋糕，每一次吃到都

有一種「下次吃不到怎麼辦」的感覺。而準備用大展身手的男人們，都會默默的找一塊空地偷偷的生起火來，要當個居家的好男人，首要的條件就是要會煮菜，男人的鍋，不是男人沒關係，現場偷看食譜應該也混的過去，接下來的時間就各憑本事和運氣了。

　　有鑑於之前的鍋聚，沒有一位廚師吃得到其他鍋友的菜色的，所以這次我們特地設立戶外自助餐，還規定開動時間的梯次，好的廚藝讓你上天堂，手藝差的只能回家多練習，烤雞、胡椒蝦、

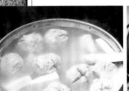

炒米粉、三杯雞炊飯、臘味炊飯、三杯皮蛋、蒸蛋、咖哩雞…，煮好的和還在研究食譜的，都拼命煮食中，越到出菜時間，每個人背後都有個虎克船長的時鐘，滴答滴答滴答…，搞得拿鍋鏟的很緊張，時間一到，現場 30 道菜一字排開，又差點引發暴動，現場還分起了三組人馬用餐，第一組 10 歲以下的，第二組未滿 18 歲的，第三組才輪到大人。

分組好後，現場馬上響起很多哀嚎聲……，果然第二組正在發育的搶食完，現場該見底的也見底了，煮的人看得很開心，沒吃到的人心裡頭好滴血……。接著又是緊張的抽獎時刻，唉～每次肉圓都是負責去載獎品的，都沒有抽到啊。

隔天一早把雞湯煮一煮，然後不可取的小余還丟了雞肉給我，因此一早就有金針雞湯及三杯雞，也太滋補了。稍候由麵粉達人 Happy 麻在營地教大家做 pizza，小朋友玩得不亦樂乎，但是有家長鼓勵的好過頭啊。「緣緣對！！就是這樣 !! 緣緣沒錯！ 妳真是我們的驕傲！是的緣緣，加下去就對了！！沒錯！緣緣你做的真的很好。」我們在一旁都快要笑昏了。

現場的 pizza 有海鮮、夏威夷、三杯雞、鮪魚等口味，小朋友不僅做的時候開心，連吃的時候也很開心，而做剩的麵團拿來做蔥油餅，也很美味，大合照後，開心的結束活動囉。

國家圖書館出版品預行編目(CIP)資料

荷蘭鍋55道秒殺料理 / 爆肝護士肉圓著. --
臺北市：腳丫文化, 2013. 09
面；　公分 . --（腳丫文化；K072）
ISBN 978-986-7637-83-3(平裝)

1. 食譜 2. 烹飪

427.1　　　　　　　　　102015979

腳丫文化 K072　　露營×居家
荷蘭鍋 55 道秒殺料理

著作人　爆肝護士 肉圓
社長　吳榮斌
企劃編輯　林麗文
美術編輯　龔貞亦
封面設計　王小明
出版　腳丫文化出版事業有限公司

總社・編輯部
社址　10485 台北市建國北路二段 66 號 11 樓之一
電話　(02)2517-6688
傳真　(02)2515-3368
E-mail　cosmax.pub@msa.hinet.net

業務部
地址　24158 新北市三重區光復路一段 61 巷 27 號 11 樓 A
電話　(02)2278-3158・2278-2563
傳真　(02)2278-3168
E-mail　cosmax27@ms76.hinet.net
郵撥帳號　19768287 腳丫文化出版事業有限公司

國內總經銷　千富圖書有限公司（千淞・建中）(02)2900-7288
新加坡總代理　Novum Organum Publishing House Pte Ltd
TEL　65-6462-6141
馬來西亞總代理　Novum Organum Publishing House(M)Sdn. Bhd.
TEL　603-9179-6333
印刷所　通南彩色印刷有限公司
法律顧問　鄭玉燦律師

定價　新台幣 320 元
發行日　2013 年 9 月　第一版 第 1 刷
　　　　10 月　　　　第 4 刷

賣魚郎食酒処

宜蘭在地尚青ㄟ吳郭魚專賣店

宜蘭縣礁溪鄉大塭路 16-21 號
營業時間：11:00-19:30
電話：0919-149-701 請先來電預約

位在大塭觀光魚場附近的賣魚郎食酒処，一旁就是魚塭，主打的料理為自家養殖三年大的吳郭魚，專門技術養殖出來的吳郭魚，個頭碩大、魚肉雪白，吃起來完全沒有土腥味，為維護品質每週只限量供應 50 隻吳郭魚，沒有先預訂可是吃不到的，加上供應的菜色都是當天的漁獲及自家的拿手菜，簡單不做作的私房無毒料理，是適合闔家大小一同前往品嚐的美味。

憑本書提供不販賣的私房料理一份

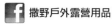